Günter Scholz und Manuela Gehringer
Thermoplastische Elastomere

Weitere empfehlenswerte Titel

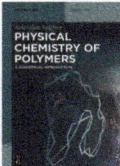

Physical Chemistry of Polymers.
A Conceptual Introduction
Sebastian Seiffert, 2020
ISBN 978-3-11-067280-0, e-ISBN (PDF) 978-3-11-067281-7,
e-ISBN (EPUB) 978-3-11-067284-8

Handbook of Biodegradable Polymers
Catia Bastioli (Hrgs.), 2020
ISBN 978-1-5015-1921-5, e-ISBN (PDF) 978-1-5015-1196-7,
e-ISBN (EPUB) 978-1-5015-1198-1

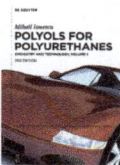

Polyols for Polyurethanes.
Volume 1
Mihail Ionescu, 2019
ISBN 978-3-11-064033-5, e-ISBN (PDF) 978-3-11-064410-4,
e-ISBN (EPUB) 978-3-11-064051-9

Latex Dipping.
Science and Technology
David M. Hill, 2019
ISBN 978-3-11-063782-3, e-ISBN (PDF) 978-3-11-063809-7,
e-ISBN (EPUB) 978-3-11-063823-3

Injection Moulding.
A Practical Guide
Vannessa Goodship (Hrsg.), 2020
ISBN 978-3-11-065302-1, e-ISBN (PDF) 978-3-11-065481-3,
e-ISBN (EPUB) 978-3-11-065303-8

Rubber.
Science and Technology
Elisabetta Princi, 2019
ISBN 978-3-11-064031-1, e-ISBN (PDF) 978-3-11-064032-8,
e-ISBN (EPUB) 978-3-11-064052-6

Günter Scholz und Manuela Gehringer

Thermoplastische Elastomere

—

im Blickfang

DE GRUYTER

Autoren
Dr. Günter Scholz
vormals BASF Polyurethanes GmbH
R&D Elastomers
49448 Lemförde
guenter.alfreds@gmail.com

Manuela Gehringer
ALLOD Werkstoff GmbH & Co. KG
Steinacher Str. 3
91593 Burgbernheim
manuela.gehringer@allod.com

ISBN 978-3-11-073986-2
e-ISBN (PDF) 978-3-11-074006-6
e-ISBN (EPUB) 978-3-11-074025-7

Library of Congress Control Number: 2021936866

Bibliografische Information der Deutschen Nationalbibliothek
Die Deutsche Nationalbibliothek verzeichnet diese Publikation in der Deutschen Nationalbibliografie;
detaillierte bibliografische Daten sind im Internet über http://dnb.dnb.de abrufbar.

© 2021 Walter de Gruyter GmbH, Berlin/Boston
Einbandabbildung: v_zaitsev/iStock/Getty Images Plus
Satz: Integra Software Services Pvt. Ltd.
Druck und Bindung: CPI books GmbH, Leck

www.degruyter.com

Erwachsene erkennen, was sie glauben zu sehen.
Kinder sehen, was sie betrachten.

Günter Alfred

Danksagung

Unser Dank richtet sich an viele Beiträge und helfende Hinweise von:
Stefan Zepnik (TPV)
Gert Joly (TPV)
Jörg Sänger (TPS)
Erik Licht (TPO)
Jürgen Hättig (TPU)
Freddy Gruber (TPC, TPA)
Markus Susoff (physikalische Grundlagen)
Stephanie Waschbüsch für die Motivation und Unterstützung zur Publikation

Viele Ergebnisse sind aus den Bachelor-Arbeiten entnommen von:
Nils Nagel
Jana Duhme

Wir danken der BASF Polyurethanes GmbH für die Möglichkeit der Erstellung und die Bereitstellung der Diagramme.

https://doi.org/10.1515/9783110740066-202

Vorwort

Thermoplastische Elastomere, kurz TPE, stellen in der Welt der Kunststoffe eine besondere Produktfamilie dar. Sie ist vergleichsweise jung, mit einem Marktvolumen von etwa sechs Millionen Tonnen im Jahr 2018 ein eher mittlerer Spieler in der Welt der Kunststoffe, aber mit stetig steigender Tendenz sichtbar. Sowohl im chemischen Aufbau als auch in den Anwendungen zeigen sie sich äußerst vielseitig und bilden ihrem Namen entsprechend ein Bindeglied zwischen den thermoplastischen Kunststoffen und den Kautschuk basierten Elastomeren. Mittlerweile kursieren viele Bezeichnungen und Beschreibungen für bestimmte TPE in der Literatur und öffentlichen Kommunikation, sodass das handliche Werk mit leichtem wissenschaftlichem Anspruch dem Einsteiger helfen will, schnell einen qualifizierten Einblick in diese Materialien zu bekommen. Neu in diesem Buch ist die Betrachtungsweise mit dem Schwerpunkt auf elastomere Eigenschaften, denn schließlich sollen die TPE als thermoplastische Alternative zu den Gummi-Elastomeren dienen. Daher wird der Leser zu jeder Familie eine Charakteristik sowohl aus speziellen Spannungs-Dehnungsmessungen als auch aus der Dynamisch Mechanischen Analyse (DMA) erhalten, gemessen an einer kleinen Auswahl an ganz üblichen Standard-Produkten. Das deckt natürlich die Breite der Materialauswahl der einzelnen TPE keineswegs ab. Auf der Suche nach geeigneten Produkten für eine technische Lösung ist in jedem Fall der Rat des Herstellers zu empfehlen.

Häufig besteht der Wunsch, Materialien miteinander zu vergleichen und so neigt man dazu, Daten aus der Literatur auszuwählen oder selbst vergleichende Messungen anzustellen. Die Hürde ist in jedem Fall die Auswahl des jeweiligen Typs einer TPE-Familie. Allein daraus ist erkennbar, dass das Eigenschaftsprofil eines Materials nie vollständig durch ein anderes ersetzt werden kann. Solche Betrachtungen dürfen nur anwendungsspezifisch herangezogen werden, um eine geeignete technische Lösung zu finden. Eigenschaftsvergleiche unter den TPE lassen sich gelegentlich nicht vermeiden und daher wird hier versucht, dies mit Fingerspitzengefühl vorzunehmen, indem getrennt über die einzelnen Klassen berichtet wird.

Das Buch dient nicht als Nachschlagewerk für Produktdaten und spezifische Informationen, die für die Arbeit mit den einzelnen TPE Typen notwendig sind. In dem Fall kann man nur die Herstellerinformationen ans Herz legen. Unser Blickfang soll dem Leser das Interesse zum weiteren Studium an dieser Produktgruppe wecken, ihm helfen, gezielter eine Materialauswahl zu treffen und vielleicht ein wenig Freude an der Vielfalt der Nutzungsmöglichkeiten zu finden. Ein Grundverständnis über die Technik polymerer Werkstoffe ist für die Nutzung des vorliegenden Buches allerdings hilfreich. Es stellt kein umfassendes Lehrbuch dar, soll dies jedoch ergänzen und einen schnellen und qualifizierten Einblick verschaffen.

https://doi.org/10.1515/9783110740066-203

Allein ist die Arbeit zu dem Buch nicht zu machen und so gilt unser Dank den vielen Experten aus der TPE-Welt, die einen unscheinbaren Beitrag durch Anregungen und Diskussionen geliefert haben.

Günter Scholz, Lemförde

Mai 2021

Inhaltsverzeichnis

1 Einführung in die TPE

Unter den thermoplastischen Elastomeren gibt es grundsätzlich zwei unterschiedliche molekulare Strukturen, das sind einerseits die Compounds aus polymeren Werkstoffen (TPO, TPV) und die amorphen bis teilkristallinen Co-Polymeren (TPO, TPS, TPU, TPC, TPA). Es mag störend sein, die TPO unter beiden Klassen zu finden, doch hat man sich bisher noch nicht zu einer Differenzierung in der Namensgebung dieser Gruppe durchringen können. Die aktuellen Bezeichnungen finden sich in der Norm DIN EN ISO 18064, in der auch die Definition eines TPE zu finden ist, dass es wie es heißt „unter der Gebrauchstemperatur Eigenschaften aufweist, die einem vulkanisierten Kautschuk ähnlich sind, allerdings bei erhöhten Temperaturen wie ein thermoplastischer Kunststoff verarbeitet werden kann".

Die Norm gibt auch noch die Möglichkeit Mischungen unter den TPE zu beschreiben, wobei die Compounds als TPZ bezeichnet werden. In diesem Buch wird auf dieses Kapitel nicht eingegangen, denn die Beschreibung der Eigenschaften von Compounds und dem Einfluss derer Komponenten bildet ein eigenes Werk. Eine Ausnahme wird allerdings bei den TPS und TPO bzw. TPV gemacht, weil diese Produkte in technischen Anwendungen fast ausschließlich als Compound angeboten werden. Das heißt in der Beschreibung der mechanischen Eigenschaften oder Anwendungen ist immer von Mischungen die Rede, wenn es nicht anders ausgewiesen ist.

Sieht man sich die typische Struktur eines TPE Co-Polymeren mit kristallisierendem oder amorph härtendem Hartsegment und angebundenem flexiblem Segment an, so entsteht der Eindruck, es handelt sich um ein Elastomer mit chemisch gebundenem Füllstoff in nanoskaliger Dimension (Abb. 1.1) Das ist es auch, jedoch schmilzt dieser „Füllstoff" bei erhöhter Temperatur, zumindest der kristalline Anteil und der amorphe erweicht wie ein Glas. Somit ist es als physikalisches Netzwerk zu verstehen, was die TPE wesentlich vom vulkanisierten Kautschuk, also einem Gummi unterscheidet. Neben Hart- oder Weichsegment spricht man auch von Hart- oder Weichphase

Jedes Kapitel zu den einzelnen TPE enthält einen Teil, der die Verarbeitung betrifft. Das ist wichtig, weil auch die Verarbeitungsbedingungen, die mechanischen Eigenschaften des fertigen Teils mitbestimmen. Es werden hauptsächlich die Verfahren der Extrusion und des Spritzgießens in Betracht gezogen, da sie die gängigen Verarbeitungsmethoden der TPE sind. Natürlich haben die TPE den Einzug in die zukunftsweisende Additive Fertigung begonnen, sei es das Sinterverfahren oder der Filamentdruck, nur um die wichtigsten zu nennen. Auf der anderen Seite sind die TPE alle während der Schmelzeverarbeitung mit den bekannten Methoden aufschäumbar, sei es durch Gasinjektion oder der Zugabe von Treibmitteln. Selbst TPE als Partikelschaum ist bereits im Markt etabliert.

https://doi.org/10.1515/9783110740066-001

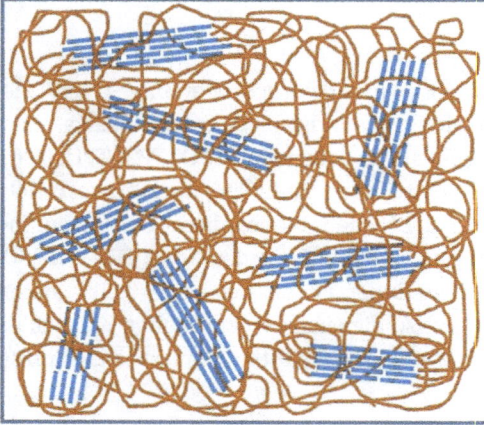

Abb. 1.1: Struktur eines semikristallinen TPE.

1.1 Gummi

In der Öffentlichkeit wird bei den TPE gelegentlich von einem thermoplastischen Gummi gesprochen, was eher zu Verwirrungen führt, weil nur ein TPE gemeint sein kann. Ein Gummi ist immer ein chemisch vernetzter Kautschuk, der nicht mehr aufschmelzen kann. Die üblichen, großvolumigen Kautschuke, wie SBR (Styrene-Butadiene Rubber), NR (Natural Rubber), oder BR (Butadiene Rubber) haben für technische Anwendungen in der Regel hohe Molmassen, wie sie bei einem TPE kaum erreicht werden. Dies wird wieder relativiert durch die Verarbeitung der Kautschuke zu Gummi. Sie werden mechanisch abgebaut, damit die notwendigen Komponenten eingeknetet werden können, und durch die anschließende Vulkanisation einer Vernetzung unterzogen, die die langen elastischen Ketten wieder versteifen. Das ist notwendig, weil die Kautschuke allein unter mechanischer Belastung fließen.

Von daher bestimmt hauptsächlich der Vernetzungsgrad die Härte eines Gummis, die von weichen elastischen Bändern bis zum harten Kern eines Golfballes reicht. Für eine höhere Festigkeit dienen ebenso anorganische Füllstoffe, die als quasi angebundene Hartphase wirken. Besonders im Autoreifen ist es ein aktiver Ruß, der zusätzlich als UV-Schutz wirksam ist. Dies alles hat einen Einfluss auf die Härte und das elastische Verhalten eines fertigen Gummis. Zu Zwecken der besseren Handhabung oder Reduzierung der Materialkosten werden auch inaktive Füllstoffe verwendet, wenn es die Ansprüche zulassen.

Nun haben NR und BR einen linearen Aufbau, sodass hier bei kleinen Vernetzungsgraden eine typische Gummi-Elastizität erreicht wird (Abb. 1.2), die sich durch hohe Rückstellkräfte und geringer Verformung bei hohen Dehnungen bemerkbar macht. Die Ketten wollen den niedrigsten energetischen Zustand erreichen und das ist das statistische Knäuel. Man spricht hier von einer Entropie-Elastizität. Wenn

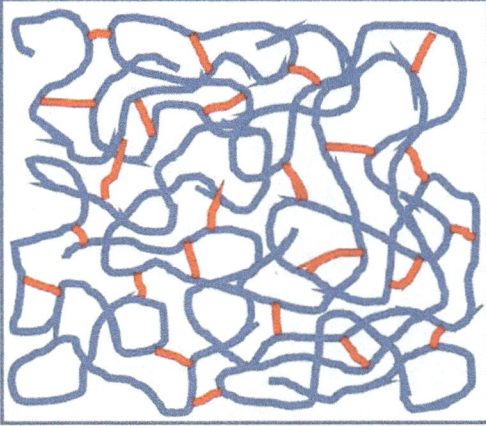

Abb. 1.2: Struktur eines vulkanisierten Kautschuks, also eines Gummis.

diese Materialien auch nicht einer idealen Feder nach dem Hookeschen Gesetz entsprechen – die Dehnung verhält sich linear zur wirkenden Kraft – so kann ein weiches Gummi-Elastomer dem schon sehr nahekommen. Damit einher geht die Flexibilität in der Kälte. Gerade NR und BR Kautschuke zeigen erst bei Größenordnungen von −100°C ein Erstarren der Ketten, dem Übergang zum glasartigen Zustand (Glasübergang). Das zeichnet alle elastomeren Werkstoffe aus, dass sie unterhalb von 0°C duktil oder gar elastisch sind und bei mechanischer Beanspruchung nicht brechen, bis eben der Glasübergang erreicht wird.

Neben dem weichelastischen Charakter bestimmter Gummi bewirkt die Vernetzung über kovalente Bindungen, dass diese Materialien nicht aufschmelzen können. Damit geht eine gute Dimensionsstabilität bei erhöhten Temperaturen einher. Man spricht von einer guten Wärmeformbeständigkeit. Und damit sind die wesentlichen Unterschiede in den Eigenschaften zu den TPE aufgezeichnet. Dafür sind die Gummi-Materialien nicht thermoplastisch verarbeitbar. Ein nicht zu vernachlässigendes Kriterium, da die Wiederverwertbarkeit bzw. das Recycling im Vergleich zum TPE eingeschränkt ist. Wie auch immer die Umstände in der Recycling-Diskussion weiterentwickelt werden, die betriebliche Wiederverwertung von Resten bei der Herstellung der TPE oder der Teile daraus ist ein unabdingbarer Kosten- und Umwelt-Vorteil gegenüber den Artikeln aus Gummi. Zudem sind die Zykluszeiten einer thermoplastischen Verarbeitung zu einem fertigen Teil deutlich kürzer als im Falle der Vulkanisation. Bezogen auf eines der häufigsten Anwendungsfelder der TPE ist genau diese Eigenschaft ein wichtiges Kriterium bei der Kombination von hartem und weichem Kunststoff.

Die Anwendung (Abb. 1.3) mag trivial erscheinen, doch gebraucht sie nahezu jeder Mensch und kann sich eine Zahnbürste ohne weichen Griff kaum noch vorstellen. Die

Abb. 1.3: Zahnbürstenstiel aus einem harten ABS mit weicher Schicht aus TPS der Kraiburg TPE (Quelle: First Thai Brush).

Herstellung in einem Mehr-Komponenten-Spritzguss eröffnet die Möglichkeit einer balancierten Kosten-Nutzung und vieler Gestaltungen.

Das Kapitel 3 geht näher auf die Unterscheidung der beiden elastomeren Werkstoffklassen ein.

1.2 PVC-P (PVC-plasticized)

Mit einem hohen Anteil an Weichmacher wird der harte Thermoplast Polyvinylchlorid (PVC) zu einem weich-elastischen Kunststoff, den man getrost zu den TPE zählen könnte. Allerdings widerspricht dies dem eigentlichen Verständnis dieser Produktfamilie. Der Grund mag daran liegen, dass weichgemachtes PVC längst etabliert war, bevor die TPE als Produktgruppe in Erscheinung traten. Technisch haben die TPE häufig Vorteile, wenn es um das elastische Verhalten geht, besonders in der Kälte, doch darf PVC-P an dieser Stelle nicht unerwähnt bleiben.

Wenn sich ein Anwender nach einer Alternative zum weich-PVC umsieht, landet er sicherlich bei den TPE. Man muss sich vor Augen halten, dass das Polyvinylchlorid im Preis-Leistungs-Verhältnis kaum zu überbieten ist. Das gilt für die leichte

Verarbeitung, die mechanische Festigkeit und besonders der Stabilität gegenüber Medien. Der Grund für eine Substitution ist immer der Umwelt-Gedanke bei der Entsorgung von PVC, die Anfälligkeit zur Korrosion bei der Verarbeitung und die Migration des Weichmachers, was zur Verhärtung über die Zeit führt. PVC selbst ist nun mal ein steifer Thermoplast. Dazu kommt, dass Weichmacher von Kunststoffen in der öffentlichen Diskussion ohnehin einen schweren Stand haben und PVC bei ungenügender Verbrennung giftige aromatische Dioxine erzeugt. Daher lohnt es sich, über Alternativen nachzudenken.

1.3 Olefinische Polymer-Compounds

Die vorherrschenden Polymermischungen bei den TPO bestehen aus einer thermoplastischen Matrix Polypropylen (PP) und einem ungesättigten Kautschuk wie Ethylen-Propylen-Dien Co-Polymer (EPDM) oder einem gesättigten EPM, hergestellt in einem Zweiwellen-Extruder. Der Anteil an Kautschuk ist hoch, um überhaupt von einem flexiblen Werkstoff sprechen zu können und nicht von einem zähmodifizierten Thermoplast. Eine scharfe Unterscheidung ist in diesem Fall nicht zu machen. Liegt der Anteil des EPDM über 50% würde der Kautschuk die kontinuierliche Phase ausbilden und das PP wäre dispers verteilt. Die weichen TPO mit hohen Anteilen Kautschuk (30–40%) finden sich einerseits in Anwendungen aus der Extrusion wieder, wo das Granulat unter geringer Scherung im kontinuierlichen Prozess verarbeitet werden kann. Ein Beispiel dazu ist die Extrusion zu Folien, die mit strukturierter Oberfläche als Haut für Instrumententafeln im Automobil eingesetzt wird. In diesem speziellen Fall wird die fertige Folie einer Strahlenvernetzung unterzogen, um die Widerstandsfähigkeit der Oberfläche zu erhöhen. Im Spritzguss könnte die Gefahr bestehen, dass sich die Verteilung der Kautschukpartikel und damit die mechanischen Eigenschaften verändern. Hohe Scherung bei der Verarbeitung kann das bewirken. Daher gibt es nur spezielle Anwendungen aus dem Spritzguss heraus, wie z. B. Stoßfänger im Automobil zur Schockabsorption, wo das Material eher eine geringe Elastizität hat und die Energie beim Aufprall aufgenommen werden soll. Bekannt sind in diesen Anwendungen auch TPO Co-Polymere zur Modifizierung des PP. Letztere TPE werden im Kapitel 4 näher beschrieben (Abb 1.4).

Je weicher die Mischung ist, desto stärker tritt die Änderung der Morphologie bei der Verarbeitung auf. Grund dafür ist die Agglomeration der mobilen Phase unter den harten Verarbeitungsbedingungen, bevorzugt dann, wenn die Mischung im Bereich 50:50 liegt. Dann stehen die Phasen in Konkurrenz, wer den kontinuierlichen und wer den mobilen Part übernimmt. Dem kann man entgegenwirken, wenn die EPDM-Partikel während des Compoundierschrittes vulkanisiert werden. So erhält man ein TPV, in dem die elastischen Anteile eine diskrete und stabile Phase bildet. Hier ist für den Verarbeitungsschritt nur die PP-Matrix verantwortlich, während die 1–10μm großen, elastomeren Partikel unverändert bleiben. Sie

Abb. 1.4: Stoßfänger aus olefinischen Compounds mit hoher Energieabsorption (Quelle: monkeybusinessimages/iStock/Getty Images).

werden zu Anteilen von 40–80% eingesetzt. Den morphologischen Unterschied erkennt man in der folgenden Abbildung (Abb. 1.5).

Abb. 1.5: Vergleich zwischen einem TPO-Blend (links) und einem TPV (rechts).

Der Anteil an Kautschuk im einfachen TPO Compound kann Aufschluss darüber geben, ob es sich um ein TPE oder einen zähmodifizierten Thermoplasten handelt. Eine Abgrenzung jedoch gibt es nicht und man wird sich die Frage stellen müssen, wie die als TPO bezeichneten Compounds in der TPE Familie weiterhin betrachtet werden oder einfach zu den TPZ, den wirklichen TPE-Compounds, zu zählen sind. Das wird noch zu anregenden Diskussionen führen, und wegen dieser Unsicherheit wird im weiteren Verlauf des Buches nicht in der gleichen Intensität auf diese Produktklasse eingegangen und unter den Thermoplastischen Olefin-Elastomeren (TPO) im Wesentlichen die Co-Polymere betrachtet. In der internationalen Nomenklatur-Arbeitsgruppe der ISO zu Elastomeren liegt aktuell eine Änderung der 18064 als Draft International Standard (DIS) vor, wo zwischen den Compounds (TPO-M) und den Co-Polymeren (TPO-C) unterschieden wird.

1.4 Co-Polymere

Die Block-Co-Polymere unter den TPE bestehen aus einem kristallisierenden oder amorph härtenden Hartsegment und einem flexiblen Weichsegment. Im Falle der TPU, TPC und TPA ist das Hartsegment mehrheitlich kristallin und bestimmt im Wesentlichen die mechanischen Eigenschaften wie Modul und Festigkeit. Das Weichsegment wird durch oligomere Einheiten (Telechele) mit Molmassen meistens von 1000–3000 g/mol erzeugt und ist für den flexiblen Teil verantwortlich. In der Regel bestimmt es auch die chemische Beständigkeit. Die TPO und TPS werden über eine Polymerisation aus reinen Monomeren sequenziell aufgebaut, sodass sowohl harte als auch flexible Blöcke entstehen, die kovalent miteinander verbunden sind. Die Nomenklatur der TPE ist im Falle der Co-Polymere an die amorph erstarrende bzw. kristallisierende Hartphase angelehnt. In der folgenden Abbildung (Abb. 1.6) sind die gängigsten Vertreter der Gruppen dargestellt, wobei die chemischen Formeln zusätzlich eine Auswahl an angebundener Weichsegmente darstellen.

Geht man auf die vorliegende TPE Norm DIN EN ISO 18064 zurück, sind in der Namensgebung der einzelnen TPE weitere Unterteilungen möglich. Zum Beispiel wird ein TPS bestehend aus einer Polystyrol Hartsegment und einer Polybutadien Weichsegment mit TPS-SBS bezeichnet. Ein TPV mit EPDM als flexible und PP als harte Phase wird mit TPV-(EPDM+PP) benannt. In den Kapiteln 4 bis 9 werden alle Mitglieder der TPE-Familie ausführlich beschrieben.

Es sei an dieser Stelle erwähnt, dass dieses Buch nicht dazu dient, die Eigenschaften einzelner TPE untereinander zu vergleichen. Jede Produktfamilie hat solch ein breites Portfolio, dass ein seriöser Vergleich nicht vorzunehmen ist. Ein Versuch kann nur unternommen werden, wenn man sich auf eine bestimmte Anwendung bezieht und mit den jeweiligen Herstellern über das Eigenschaftsprofil einzelner TPE kommuniziert. In diesem Buch wird versucht, anhand einzelner Kriterien ausgewählter TPE die jeweiligen TPE-Gruppen in ihrem Charakter und Verhalten zu beschreiben.

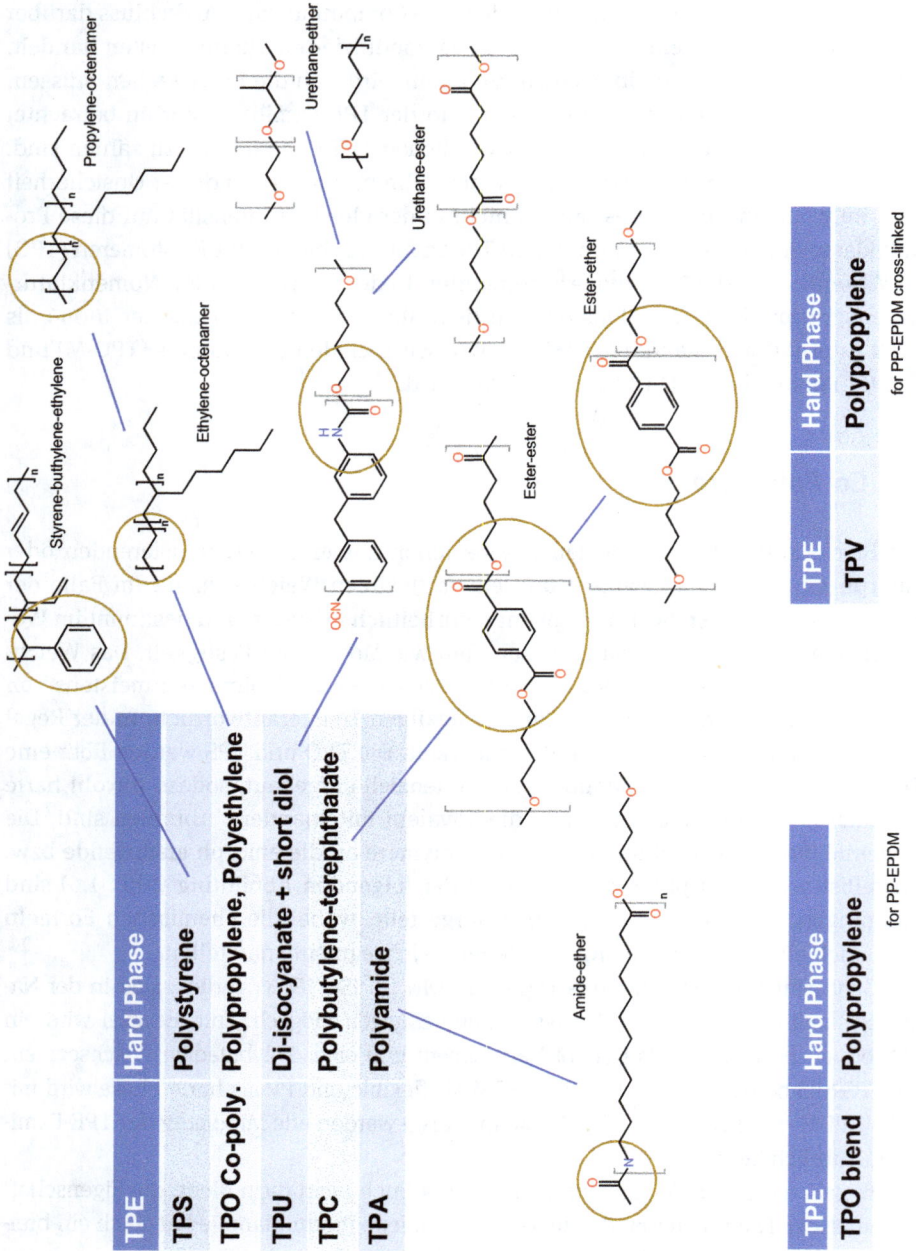

Abb. 1.6: Klassifizierung und Strukturen der einzelnen TPE.

Ebenso wird auf das umfangreiche Gebiet der Additivierung verzichtet, die auf besondere Eigenschaften zielt. Das ist in erster Linie der Flammschutz, dann die Einstellung von Antistatik oder gar Leitfähigkeit. Wenn man auch bei jeder Einarbeitung solcher Komponenten darauf achten muss, dass die mechanische Festigkeit des fertigen TPE-Compounds auf gutem Niveau bleiben muss, so eröffnen solche Technologien weitere Felder im Portfolio dieser Produktfamilie. Hier liegt der Schwerpunkt auf der Beziehung von Struktur und Eigenschaft der Grundsysteme.

Im folgenden Kapitel wird auf die Prüfmethoden hingewiesen, die im Laufe des Buches öfter zur Sprache kommen. Eine genaue Beschreibung der Messmethoden ist im Kapitel 11 angelegt.

2 Charakteristische Messungen

2.1 Shore Härte

Die Einteilung der Elastomere erfolgt unter anderem über ihre Shore Härte, die im hinteren Teil in Kapitel 11.1 genauer beschrieben wird. Zu finden ist die Methode in der Norm DIN ISO 48-4, zuvor DIN ISO 7619. Diese Messung teilt die Materialien in Härtegrade ein. Da es sich um eine Oberflächen-Härte handelt und dies nicht als repräsentative physikalische Größe zu betrachten ist, dient diese Messung mehr der Klassifizierung, was für eine grobe Einteilung und Orientierung sehr hilfreich ist. Zudem ist die Messung ausgesprochen einfach durchzuführen. Ein Prüfkörper ausreichender Dicke wird unter definiertem Gewicht für 3s oder auch 15s mit einer Nadel belastet. Handelt es sich um eine spitze Nadel, erhält man Werte nach Shore D, ist die Nadel abgeflacht, sind es Zahlen nach Shore A. Letzterer Bereich dient der Einteilung weicher Elastomerer, ersterer der härteren Art. Es ist darauf hinzuweisen, dass die Härten A und D nicht mathematisch voneinander abhängen und im Bereich von hohen Shore A Werten ($\geq$ 95A) der Shore D mit angegeben werden sollte.

Üblicherweise sind TPE von Shore 30A bis zu Shore 80D auf dem Markt erhältlich. Im Gebiet weicher TPS Compounds gehen die Härten teilweise in eine andere Skala, da gelartige Sondermischungen bis Shore 0 vorliegen. Solche Proben werden in Shore A0 (oder Shore 00) eingeteilt, wo der Eindringkörper abgerundet ist. Es gibt noch andere Skalierungen bei der Shore Härte, doch tauchen sie bei den TPE nur selten auf.

Die vergleichbare Norm für Kunststoffe und harte Gummi-Artikel ist die DIN EN ISO 868.

2.2 Zugfestigkeit

Die allgemeine Normungsvorschrift für die Messung von Zugeigenschaften an Kunststoffen ist die DIN EN ISO 527-1, in der beispielhaft die verschiedenen Kurvenverläufe von harten, zähen und elastischen Kunststoffen dargestellt sind. Im Gegensatz zu harten Kunststoffen verläuft eine Spannungs-Dehnungs-Kurve von Elastomeren und TPE sehr unterschiedlich, wie in Abb. 2.1 dargestellt ist. Bei den steifen Werkstoffen steigen die Spannungswerte steil an, erreichen ein Maximum und durchlaufen ein kurzes Nachgeben, bevor sie reißen. Der steile Anstieg zu Anfang ermöglicht die Ermittlung des Elastizitätsmoduls, weil der lineare elastische Bereich (Hookescher Bereich) lang genug ist. Das ist anders bei den Elastomeren, besonders im Fall von weichen Produkten. Dort verändert sich die Steigung der Kraft bereits bei kleinen Dehnungen, bis ein nahezu waagerechtes Plateau erreicht wird. Dann nimmt die Steigung bei vielen TPE deutlich zu, bis der Prüfkörper reißt.

https://doi.org/10.1515/9783110740066-002

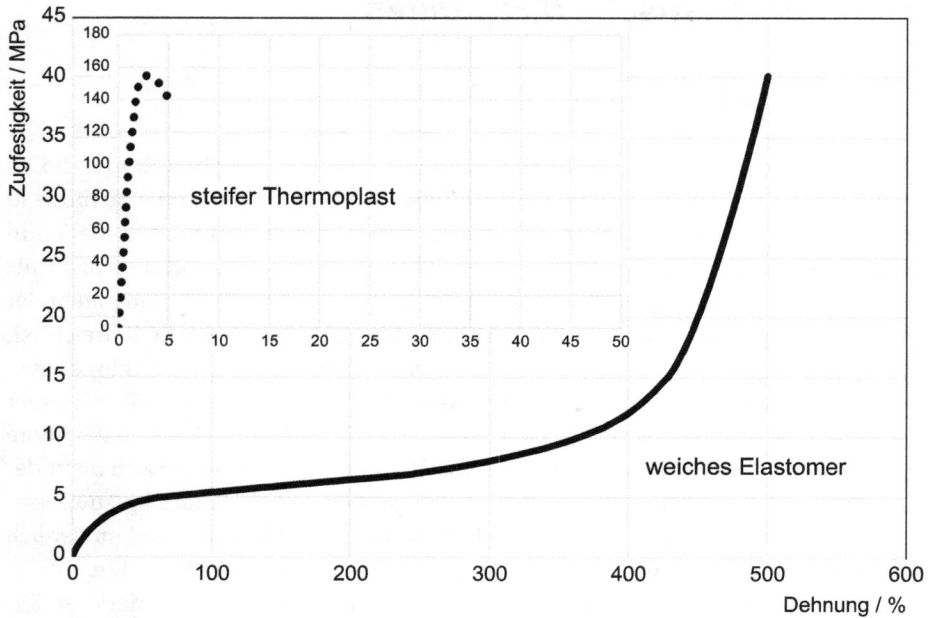

Abb. 2.1: Vergleich der Charakteristik einer Zug-Dehnungskurve von Elastomeren zu harten Thermoplasten.

An der Stelle kurz vor dem Bruch wird die Zug- oder Reißfestigkeit festgestellt, angegeben in MPa, genauso wie die Reißdehnung in %. Gezogen wird bei den TPE üblicherweise an einem Schulterstab S2 (nach DIN 53504) oder Typ 5A (nach ISO 37, Typ 2) und die Dehnung wird an dem schmalen Bereich des Prüfkörpers ermittelt. Die vergleichbare Norm für Gummi-Artikel ist die ISO 37.

In den Kapiteln zu den verschiedenen TPE werden nur die üblichen Wertebereiche genannt, um die Bandbreite der verfügbaren Produkte, bzw. an mechanischen Eigenschaften zu verdeutlichen. Einzelne Messungen der Zug-Dehnung sind nicht aufgeführt. Das kommt erst bei der Intermittierenden Spannung-Dehnung.

2.3 Intermittierende Spannungs-Dehnungs-Messung

Eine anschauliche Methode zur Beschreibung der elastischen Eigenschaften ist die Intermittierende Spannungs-Dehnungs-Messung. Sie beschreibt, bei welchen erzwungenen Dehnungen welche Elastizität vorherrscht, genauer gesagt, wann der viskose Anteil des Werkstoffes mit zunehmender Dehnung in einer Art Hysterese zunimmt. Auch das ist für den Anwender hilfreich, wenn er mit Elastomeren arbeiten möchte und nach einer Charakterisierung dessen sucht.

Bei dieser Prüfung wird ein Probekörper mehrfach mit zunehmender Dehnung in einer Zugprüfmaschine gestreckt und entlastet. Im Idealfall geht die Spannung immer wieder auf den Anfangswert zurück, doch wie oben beschrieben, verformt sich jeder Werkstoff unter Belastung, so auch ein Gummi oder ein TPE (Abb. 2.2).

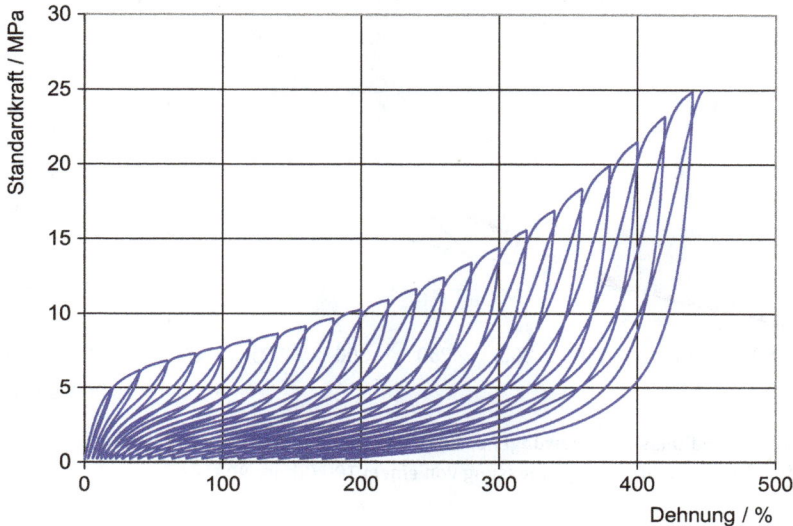

Abb. 2.2: Intermittierende Spannungs-Dehnungskurve eines TPU (Shore 90A – 3s).

Die verbleibende Dehnung wird dann über die erzwungene Dehnung aufgetragen, um den Verlauf der Verformung der Probe zu ermitteln (siehe Abb. 2.3 am Beispiel eines TPU). Es ist leicht vorstellbar, dass der elastische Anteil eines TPE höher ist, je flacher die Spannung über die Dehnung verläuft. Sehr häufig wird ein Knick in der Steigung der Kurve gesehen, nach dem die Steigung stärker zunimmt als zu Beginn. Diesen Punkt kann man auch als kritische Dehnung bezeichnen. Dieser tritt nicht bei allen Elastomeren auf, also manchmal sehr deutlich, manchmal kaum sichtbar. Der Effekt wird hier nicht weiter behandelt. In Kapitel 11.4 findet sich eine nähere Beschreibung der Methode.

Allgemein bekommt man aus der Messung einen guten Eindruck über das elastomere Verhalten der Probe, besonders dann, wenn es in der Anwendung zu hohen Verformungen kommt. Da es in der Realität nie den idealen Zustand gibt, also auch nie den idealen molekularen Aufbau eines Polymeren, muss man sich bei zunehmender Dehnung vorstellen, dass anfangs die schwächsten Stellen beginnen zu fließen oder sich morphologisch so umstellen, dass eine bleibende Veränderung nach der Entlastung zurückbleibt. Das gezeigte Modell in Abb. 2.4 soll das schematisch verdeutlichen. Die Zylinder stellen den viskosen Anteil und die Feder den elastischen Anteil dar, wobei die helleren Zylinder die morphologische Verformung verdeutlichen sollen.

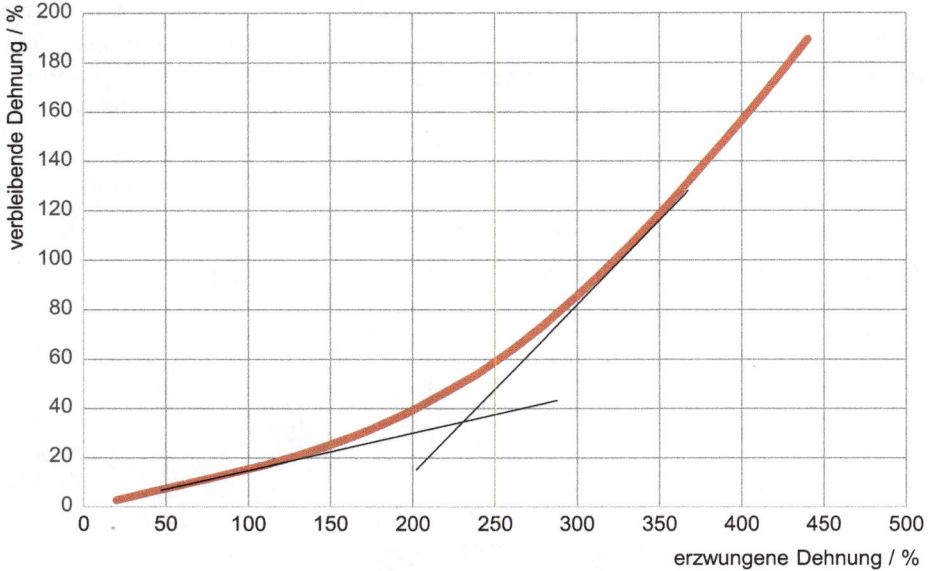

Abb. 2.3: Dehnungsverhältnisse der erzwungenen zur verbleibenden Dehnung aus der Intermittierenden Spannungs-Dehnungs-Messung von einem TPU (Shore 90A – 3s).

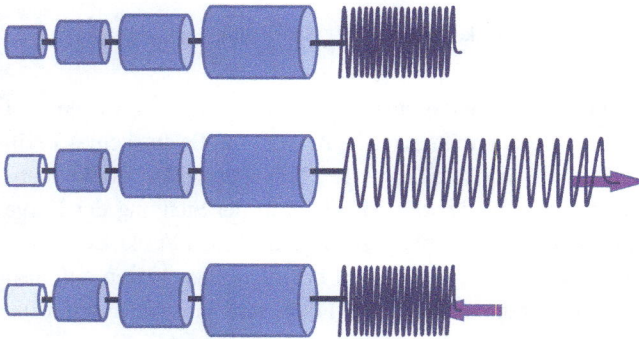

Abb. 2.4: Modell der plastischen Verformung (heller Teil) eines Elastomers unter erzwungener Dehnung.

Wer sich den Phänomenen mathematisch annähern möchte, findet die Grundlagen dazu bei U. Eisele (Introduction to Polymer Physics). Das Model im Bild entspricht der Theorie von Maxwell. Nach Kelvin-Voigt sind die viskosen und elastischen Elemente parallel angeordnet.

Die Charakterisierung der Elastizität spielt in der Textilindustrie schon lange eine wesentliche Rolle (Abb. 2.5). Elastische Fasern, wie zum Beispiel das weithin bekannte Lycra für Sportbekleidungen, werden regelmäßig auf verbleibende Verformung hin untersucht. Solche Messungen zur Hysterese werden in dem Fall an Fasern direkt geprüft und unterliegen den für die Anwendung angepassten Bedingungen. Dies können statische oder dynamische sein. Ganz üblich ist eine wiederholte angelegte Dehnung von 50%, um zu sehen, wie weit sich die Prüffaser zurückstellt. Da TPE für textile Anwendungen über das Spinnverfahren aus der Schmelze auch zu hauchdünnen Fasern versponnen werden können, spielt das elastische Verhalten eine große Rolle.

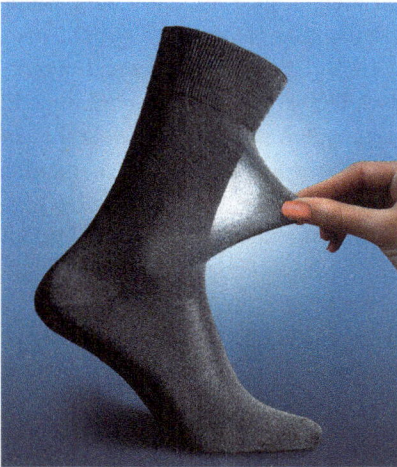

Abb. 2.5: Socke aus schmelzegesponnener Elastan-Faser (Quelle: BASF).

An dieser Stelle kann gesagt werden, dass Lycra aus einer Lösung heraus gesponnen wird. Konkret ist es ein Polyharnstoff, der in einem organischen Lösemittel polymerisiert. Das Spinnen von TPE aus der Schmelze hat daher einen umwelttechnischen Vorteil und findet zunehmendes Interesse im Markt.

2.4 Dynamisch Mechanische Analyse

Als ein wesentliches Element zur prinzipiellen Charakterisierung einzelner Vertreter der TPE wird die dynamische mechanische Analyse (DMA oder DMTA) zu Rate gezogen, eine Methode, die die dynamische Festigkeit einer Probe über einen weiten Temperaturbereich analysiert. Dieser definiert sich aus der zum Glas erstarrten Phase bei tiefen und dem erweichenden Zustand bei hohen Temperaturen. Aus jeder Produktgruppe werden ein paar wenige typische Vertreter herangezogen, um generelle Aussagen zu den Beziehungen aus Struktur und Eigenschaften vornehmen zu können. Alle Messungen wurden in Anlehnung an EN ISO 6721 mit demselben Gerät unter gleichen Bedingungen mit einer Frequenz von 1Hz durchgeführt. Die Temperatur wird in Schritten von 5°C erhöht und ein neuer Messpunkt wird erzeugt. Das soll das Material in einem nahezu konditionierten Zustand halten, wenn der Messwert entnommen wird. Die nähere Beschreibung der Messmethode findet sich in Kapitel 11.3.

In der vorliegenden Model-Kurve in Abb. 2.6 ist ein Polyether basiertes aromatisches TPU repräsentativ dargestellt, an dem die Phasenübergänge über die Temperatur zu erkennen sind. Der Speichermodul (siehe Kap. 11.3) ist in einer logarithmischen Skala aufgetragen, damit sich die Kurven aufgrund des großen Sprungs vor und nach dem Glasübergang übersichtlicher darstellen. Es beginnt bei niedrigen Temperaturen mit dem Aufweichen der als Knäuel eingefrorenen Weichsegmente, die vom glasartigen, amorphen und spröden in den flexiblen Zustand übergehen. Hier spricht man vom sogenannten Glasübergang des elastischen Anteils. Es folgt der Verwendungsbereich des Materials, bei dem die Weichphase elastisch bleibt und die Hartphase noch in kristalliner oder amorph eingefrorener Form vorliegt, sodass sich das TPE weiterhin in einem festen, elastischen Zustand befindet. Nach weiterer Erhöhung der Temperatur wird der Schmelzbereich der Hartphase erreicht und der Werkstoff beginnt zu erweichen, bevor er vollends schmilzt und so nicht mehr vermessen werden kann. Das ist die Temperatur, wo die technische Nutzung unter Belastung längst nicht mehr gegeben ist und die Phase der Schmelzeverarbeitung eintritt. Da die Messung der DMA beendet wird, bevor die Proben schmelzen, empfiehlt es sich zuvor eine Abschätzung der oberen Einsatztemperatur vorzunehmen, wofür auch eine statische Thermomechanische Analyse (TMA) geeignet ist.

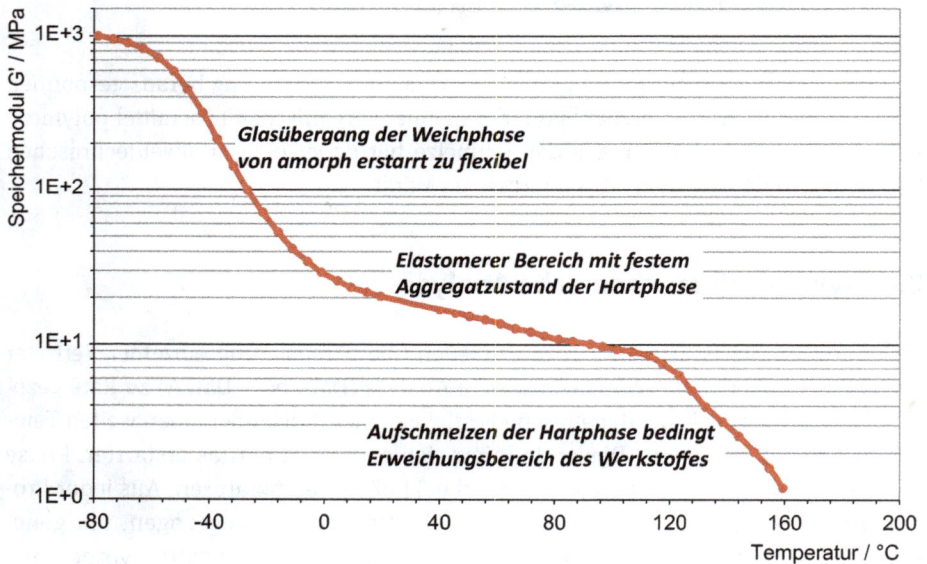

Abb. 2.6: Dynamisch mechanische Analyse von einem TPU (Shore 90A – 3s), Messung in Torsion mit der Frequenz von 1Hz.

In der Einleitung wurde erwähnt, dass Elastizität am anschaulichsten mit einer Stahlfeder beschrieben werden kann, wobei im idealen Fall das Hookesche Gesetz herangezogen wird. Dort ist die Dehnung direkt proportional zur angelegten Kraft. Für elastische Polymere gelte das auch, wenn nicht die angelegte Kraft zur Veränderung im Material führte. Dieses Verhalten ist eine Art Umorientierung in der Matrix oder kann auch als Fließen charakterisiert werden. In der Technik wird auch von der Dämpfung des Materials gesprochen, weil der Teil die Energie nicht zurückgibt. Von daher sind TPE immer sogenannte viskoelastische Werkstoffe. Die DMA-Analyse erfährt dies durch ein Nachlaufen der Antwortkurve auf die angelegte dynamische Torsion, sodass ein Teil der Energie im Material dissipiert, der viskose Teil der Energie. Die Phasenverschiebung wird als Verlustfaktor tan delta (tan δ) bezeichnet und ist das Verhältnis aus dem viskosen und dem elastischen Modul. Überschreitet der Wert die Größe 1, hat das Material kaum feste Anteile mehr und beginnt, in den flüssigen Zustand überzugehen. Das Wissen über diese Messgrößen ist für die Auswahl oder gar für die Entwicklung technischer Lösungen ausgesprochen hilfreich.

Welche Veränderungen erfährt ein TPE, wenn die Messung bei höheren Frequenzen durchgeführt wird? Es ist bekannt, dass mit höherer Messfrequenz auch der Glasübergang zu höheren Temperaturen verschoben wird. Dieser Zusammenhang wird bei der Zeit-Temperatur-Superposition (TTS) ausgenutzt, wenn man Aussagen außerhalb begrenzt messbaren Rahmens bekommen möchte. Die Verschiebungsfaktoren dazu sind in der Gleichung von Williams, Landel und Ferry (WLF) beschrieben, die sehr gut für homogene Polymere anwendbar sind.

Im folgenden Diagramm (Abb. 2.7) ist ein TPU der Shore-Härte 85A gezeigt, dass in der DMA bei den Frequenzen 0,1Hz, 1Hz und 10Hz vermessen wurde. Im Bild ist nur der Ausschnitt des Glasübergangs dargestellt und man sieht, dass der Wendepunkt mit jeder höheren Frequenz um ca. 5°C ansteigt. Das bedeutet, je höher die Frequenz in der dynamischen Beanspruchung eines TPE, desto schlechter wird die Flexibilität in der Kälte.

2.5 Dynamische Differenz-Thermoanalyse

Für einige Produktfamilien der TPE lohnt es sich, das thermische Verhalten zu kennen, bevor mit der Verarbeitung der Produkte begonnen wird. Dazu ist die Thermoanalyse geeignet, dessen Grundlagen in der Norm DIN EN ISO 11357-1 beschrieben sind. Genau genommen ist es die Dynamische Differenz-Thermoanalyse oder kurz DSC (Differential Scanning Calorimetry), bei der die Polymerprobe und eine Referenz in jeweils einer Messzelle gemeinsam aufgeheizt werden (siehe Kapitel 11.5). Die Vergleichsprobe sollte idealerweise keine thermischen Effekte im Messbereich zeigen, sodass die Wärmeübergänge der Messprobe gut zu erkennen sind. Bei einem Elastomer ist das bei niedrigen Temperaturen der Glasübergang, wenn das erstarrte Polymerknäuel des Weichsegments erweicht, und bei hohen Temperaturen

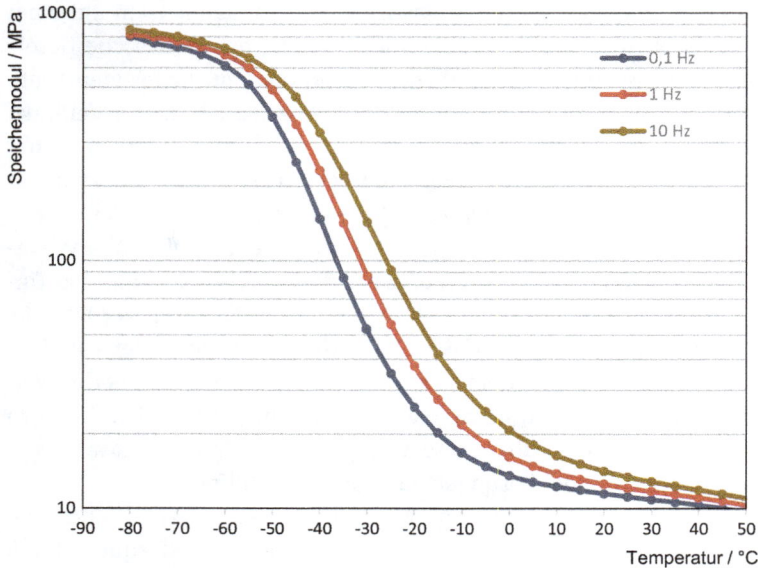

Abb. 2.7: Dynamisch mechanische Analyse von einem TPU (Shore 85A – 3s), Messung in Torsion am Zugstab mit einer Frequenz von 0,1Hz, 1Hz und 10Hz, Bereich des Glasübergangs.

der Schmelzbereich des Hartsegments. Ist der Schmelzbereich überschritten, wird die Abkühlungskurve ermittelt, und die Erstarrung des Hartsegments wird erkennbar. Üblicherweise wird die Analyse mit einer Aufheiz- und Abkühlrate von 20K/min durchgeführt. Je näher der Schmelzbereich und der Erstarrungspeak beieinander liegen, desto eher verfestigt sich die Polymerschmelze nach der Verarbeitung und man kann mit kürzeren Zykluszeiten rechnen.

In diesem Beispiel (Abb. 2.8) ist die DSC eines thermoplastischen Polyester-Elastomers dargestellt, an dem das Aufschmelzen und die scharfe Rekristallisation in der Abkühlkurve gut zu erkennen ist.

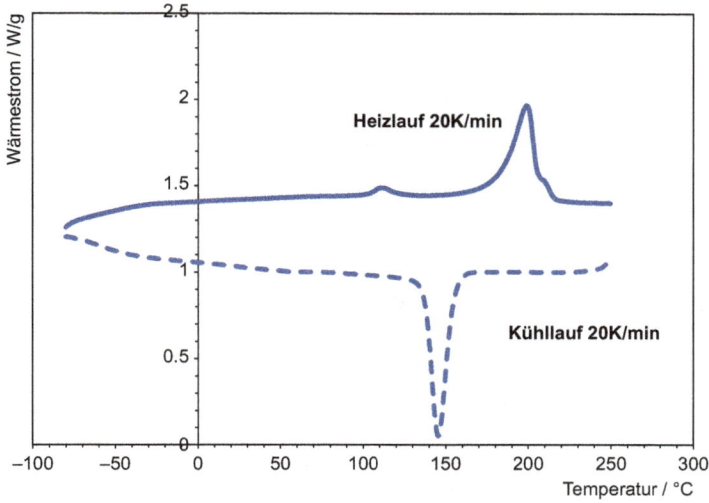

Abb. 2.8: Dynamische Differenz-Thermoanalyse von TPC (Shore 97A/48D − 3s), Temperaturlauf mit 20K/min.

An dieser Stelle sei schon einmal erwähnt, dass die DSC für TPU nur wenigen Fällen herangezogen wird, weil sich die Morphologie des Polymers während der Messung ändert und eine vernünftige Analyse nur partiell möglich ist.

3 Ein prinzipieller Vergleich von TPE zu Elastomeren (vulkanisiert)

In der Einführung wurde kurz auf den grundsätzlichen Unterschied von Gummi zu Thermoplastischen Elastomeren eingegangen. In beiden Fällen handelt es sich um elastische Materialien, nur ist ein fertiger Gummi nicht mehr thermoplastisch verarbeitbar. Unter Gummi versteht man im deutschen Sprachgebrauch einen vernetzten Kautschuk. Molekular gesehen ist der Kautschuk ein Gebilde von statistischen Knäueln. Das ist für den technischen Gebrauch nicht geeignet, weil die Kautschukmoleküle unter mechanischer Belastung einander abgleiten. Daher werden sie chemisch vernetzt und der Kautschuk wird zu einem Gummi. Die Vernetzung, auch Vulkanisation genannt, erfolgt großtechnisch mit Schwefel, sonst auch durch Peroxide als auch über Phenol-Formaldehyd. Die letzten beiden Technologien spielen bei den TPV eine wichtige Rolle (siehe Kap. 5). Die Vernetzer werden zunächst bei möglichst niedrigen Temperaturen zusammen mit Beschleunigern und anderen Additiven eingemischt. Das sind Füllstoffe, Öle, Stabilisatoren und Verarbeitungshilfsmittel. Üblicherweise erfolgt das in einem Innenmischer oder auf einem offenen Walzwerk. Die entstehenden Felle gehen an den Verarbeiter, der das Material in Form von Streifen in den Extruder oder die Spritzgießmaschine einspeist. Die Mischung wird auf kurzem Wege umgeformt und alsdann in Form gebracht. Anschließend wird das fertige Teil aufgeheizt, damit die Vulkanisation anspringt. Im Fall einer Extrusion erfolgt das in einem heißen Bad kontinuierlich, beim Spritzguss in der Form direkt. Natürlich gibt es eine Vielzahl an Formgebungsverfahren in der Gummi-Industrie, wie zum Beispiel die wichtige Heißpresse für große Bauteile (Fahrzeugreifen). Nur in speziellen Fällen wird im technischen Bereich eine Strahlenvernetzung vorgenommen. Aus den Schritten bis zum fertigen Gummiteil erkennt man sogleich den Vorteil in der Verarbeitung von TPE, das der Verarbeiter in Granulatform bekommt, in der Extrusion oder im Spritzguss umformt, um nach kurzer Abkühlzeit das fertige Bauteil zu erhalten.

Neben den Füllstoffen und Weichmachern bestimmt der Grad der Vernetzung des Gummi am Ende die Härte des Produktes, sodass bei üblichen Gummibändern eine geringe und im Fall eines Golfballes eine sehr hohe Verknüpfungsdichte vorliegt. Die meist große Länge der Polymermoleküle mit hoher Beweglichkeit erzeugt beim technischen Gummi eine gute Elastizität, die natürlich mit zunehmender Vernetzungsdichte abnimmt. Jedoch ist ein Gummi in der Weise niemals spröde, da immer noch eine Beweglichkeit der Hauptketten gegeben ist. Man bezeichnet dieses elastische Verhalten auch als Entropie-Elastizität, denn das statistische Knäuel ist der energetisch niedrigste Zustand, den das Polymer nach der Entlastung immer wieder einnehmen möchte. Im Vergleich dazu können sich die Ketten der Weichphase der TPE ebenso dehnen, wobei sie sich je nach Struktur mehr oder weniger verschlaufen. Nur gegenüber einem weichen Gummi, sind die elastomeren Polymer-

https://doi.org/10.1515/9783110740066-003

ketten deutlich kürzer und weniger elastisch. Das lässt sich gut mit der intermittierenden Spannungs-Dehnungs-Messung beschreiben, wo im Vergleich zum TPE bei immer steigender Dehnung ein geringeres Kriechen des Gummi zu sehen sein sollte. Verglichen wird im folgenden Diagramm (Abb. 3.1) eine Gummi-Rezeptur der Härte 65A basierend auf einer Naturkautschuk-Polybutadien-Mischung (NR: BR=3:2, 29,4% Ruß, 4,1% Öl) mit einem TPU der Härte 60A, dass eine sehr gute Elastizität mitbringt.

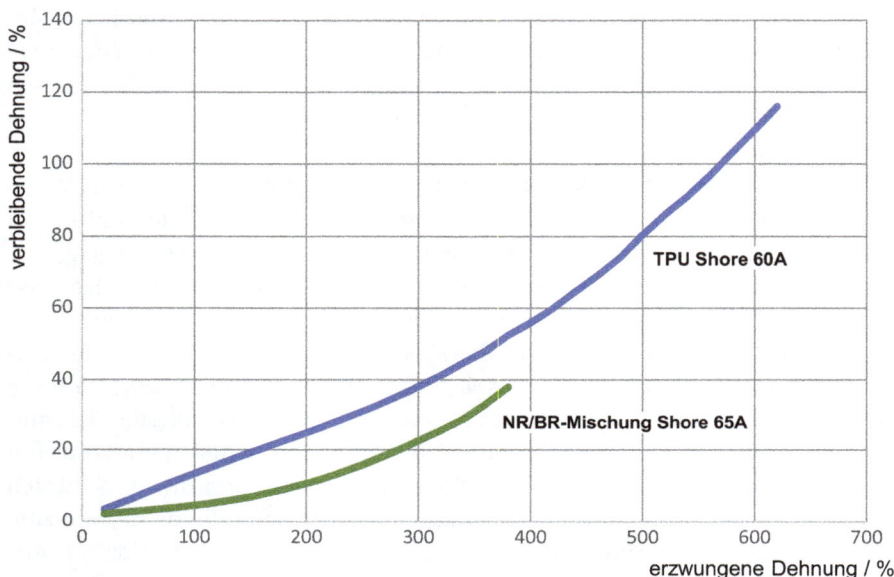

Abb. 3.1: Vergleich der Dehnungsverhältnisse von erzwungener zu verbleibender Dehnung aus der Intermittierenden Spannungs-Dehnungs-Messung eines NR-BR-Gummi (Shore 65A – 3s) zu einem TPU (Shore 60A – 3s).

Trotz der etwas härteren Mischung der Gummi-Probe erkennt man dessen viel flacheren Verlauf in dem Diagramm. Sowohl NR als auch BR sind hoch elastische Kautschuke, die nach der Vernetzung nur einen geringen viskosen Anteil bei Dehnungsbelastung haben. Gerade bei Dehnungen bis 100% zeigt das Material eine sehr geringe Restdehnung und damit auch kaum eine bleibende Verformung. Hier sieht man den Einfluss des linearen Aufbaus des Kautschukmoleküls, bei dem eine längere flexible Kette zu erwarten ist als bei den Weichsegmenten des TPU. Dazu kommt, dass ein physikalisches Netzwerk, wie die semi-kristalline Hartphase des TPU, sich unter Dehnung leichter verformt als ein chemisches Netzwerk.

Dass auch eine Verformung beim Gummi auftritt, ist der Wechselwirkung des Kautschuks mit dem hohen Grad an Füllstoff geschuldet, sodass auch der viskose Anteil des Gummi bei Belastung ansteigt, das heißt eine Erweichung erkennbar wird. Es kommt zu Verschiebungen der Rußpartikel im Polymergefüge. Dies wird auch als Mullins-Effekt bezeichnet, der mit steigendem Füllstoff-Anteil zunimmt. Ungefüllter vulkanisierter Naturkautschuk zeigt ein nahezu ideales Verhalten, also eine weitgehend 100%ige Rückstellung. Man kennt das von Gymnastikbändern, die zudem über einen weiten Dehnungsbereich einen gleichbleibenden Modul haben. In der Krankengymnastik zum Beispiel ist diese Anforderung unerlässlich.

Anfangs wurde angeführt, dass zur Beschreibung der Eigenschaften auch die Dynamisch Mechanische Analyse (DMA) herangezogen wird und so zeigt die Abb. 3.2 die Kurven einer Naturkautschuk-Polybutadien-Mischung (NR-BR) und eines weichen TPU mit ähnlichem Modul im Vergleich.

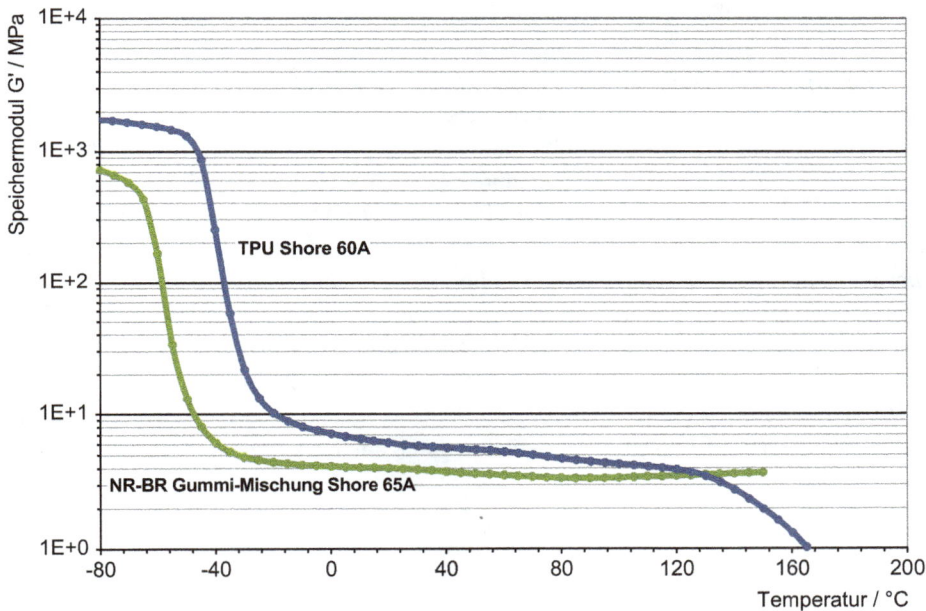

Abb. 3.2: Vergleich der Dynamisch Mechanischen Analyse eines NR-BR-Gummi (Shore 65A – 3s) zu einem TPU (Shore 60A – 3s), Messung in Torsion mit der Frequenz 1Hz.

Beide elastomere Werkstoffe haben einen nahezu konstanten Modul über einen breiten Temperaturbereich hinweg, doch ist es beim NR-BR weit ausgeprägter, als es beim TPU der Fall ist. Am rechten Ende der Kurve ist sofort zu sehen, dass das TPU bei 120°C in die Erweichungstemperatur geht und der Gummi so lange seinen Modul halten wird, bis der Werkstoff molekular abbaut und damit zerstört wird. Auf der linken Seite sieht man den Glasübergang, bei niedrigerer Temperatur des NR-BR im Vergleich zu dem weichen TPU. Damit ist die Flexibilität in der Kälte besser, selbst wenn man ähnliche Moduli der Materialien heranzieht.

Die Festigkeit und bessere Handhabung der Gummiartikel wird zusätzlich durch die Zugabe von Ruß erreicht, der durch seine poröse Oberfläche eine gewisse Anhaftung an die Polymermoleküle erzeugt. Wichtig ist hierbei die gute homogene Verteilung des Füllstoffes. Das ist bei den TPE gegeben, wo der Füllstoff, hier also das Hartsegment in nanoskaliger Größe, an das elastische Weichsegment chemisch gebunden ist. Das trifft für die Co-Polymere zu (TPS, TPO, TPU, TPC, TPA) und nicht für die Compounds (TPO, TPV). Dieser „Füllstoff" der thermoplastischen Polymere hat allerdings einen Schmelzbereich und erweicht bei höheren Temperaturen, je nachdem um welchen Aufbau es sich handelt. Bei hohen Dehnungen gleiten die Ketten der Hartsegmente aneinander ab, was mit steigender Temperatur immer mehr eintritt. Das Material beginnt zu Kriechen. Das ist beim Gummi nicht so leicht möglich, sodass diese Produktfamilien zum Beispiel bei hoch belasteten Dichtungen nicht sinnvoll durch ein TPE ersetzt werden können. Ethylen-Propylen-Dien-Gummi (EPDM) zum Beispiel wird sehr häufig als sehr elastisches Dichtungsprofil bei hohen Temperaturen eingesetzt. Mit einem Druckverformungsrest bei über 100°C von kleiner 10% wird kein TPE in dem Härtebereich mithalten können. Das gilt für das EPDM und noch mehr für Nitrilkautschuke oder gar Fluorkautschuke, die zum Teil Beständigkeiten bei 200°C zeigen. Dafür kommen die TPE zum Zuge, wenn es um weniger harsche Bedingungen geht und die weit schnellere Verarbeitung zum fertigen Teil genutzt werden kann. Zudem geht damit die Kombination mit anderen thermoplastischen Werkstoffen aus der Schmelzeverarbeitung einher, wo ein weiches TPE an einen harten Thermoplasten direkt angespritzt oder anextrudiert werden kann. Das gilt für weiche Griffe oder sehr gut anhaftende Dichtlippen, wie auch elastische Befestigungen an flexiblen Baugruppen (siehe Abb. 3.3). Neben diesen Vorteilen in der Verarbeitung ist die Wiederverwertbarkeit durch erneutes Aufschmelzen nicht mehr wegzudenken.

Abb. 3.3: Eckanspritzung (blau) eines TPS-M an ein EPDM Fensterprofil am Auto (Quelle: Allod).

Die größte Verwendung für Gummi findet sich als Auto- oder gar Flugzeugreifen, und natürlich als Motorrad- oder Fahrradreifen wieder, ganz abgesehen von Förderbändern und Riemen. Bei den Fahrzeugen treten über den hohen Energieeintrag beim Fahren so hohe Temperaturen auf, dass die TPE nach vergleichbar kurzer Zeit zu Kriechen beginnen würden. Desgleichen geschieht, wenn das Fahrzeug beim Parken in der Hitze seine Last auf das Rad legt. Insbesondere im Reifenprofil können die vielartigen Ansprüche über den sehr weiten Temperaturbereich in trockenen wie im nassen Zustand nur von einer geeigneten Gummi-Mischung erfüllt werden. Immer wieder gibt es Ansätze, aus einem thermoplastischen Werkstoff, Autoreifen in den Markt zu bringen. Ein Beispiel ist der schon sehr lange in der Entwicklung bestehende „Tweel" der Fa. Michelin, der als Prototyp in vielen verschieden Größen getestet wurde. Man kann sich vorstellen, dass es eine große Hürde darstellt, solch einen Reifen im Spritzgussverfahren zu verarbeiten.

Die Speichen aus einem thermoplastischen oder gegossenen Elastomer, wie in Abb. 3.4 erkennbar, erfahren beim Rollen genügend Kühlung durch den Fahrtwind, doch die Kriechneigung könnte beim Stehen in der Sonne zur Herausforderung werden. Mittlerweile gibt es einige verschiedene Prototypen, die mit einem offenen Aufbau dem klassischen Luftreifen aus Gummi die Stirn bieten wollen. Es wird spannend sein, wieviel Entwicklung noch investiert wird, bis es dort zum Erfolg kommt. Der Autohersteller GM plant, in ein paar Jahren mit einem Nachfolger des „Tweel" von Michelin, den „Uptis", auf den Markt zu kommen. Die Frage bleibt, ob die Speichen aus einem TPE oder Gieß-Elastomer gefertigt sind. Das Reifenprofil jedenfalls wird in absehbarer Zeit immer eine geeignete Gummi-Rezeptur bleiben.

Abb. 3.4: Autoreifen Uptis (Quelle: Michelin).

Allgemein erheben die Anbieter der TPE den zarten Anspruch, in einigen technischen Bereichen Gummi-Produkte zu substituieren, um die Vorteile der thermoplastischen Verarbeitung zu nutzen. Daher hat es sich eingebürgert, dass bei den TPO-Blends, TPV und zum Teil den TPS im Sprachgebrauch häufig der Begriff des „Thermoplastischen Gummi" vorzufinden ist, was sicher dem olefinischen Charakter geschuldet wird. Dieser Umstand hat wohl auch bewirkt, dass bei den Compound-Rezepturen auch noch die Mengeneinheit „phr" verwendet wird. Sie kommt aus der Gummi-Branche und bedeutet „parts per hundred rubber" und ist keine Angabe des prozentualen Anteils einer Mischung.

4 TPO – Olefin basiertes TPE stellt sich vor

Im Kapitel 1 zur Struktur der TPE wurde bereits erwähnt, dass hier nicht auf die olefinischen Compounds (TPO-M) eingegangen, sondern unter den TPO hauptsächlich die Klasse der Co-Polymeren (TPO-C) betrachtet wird. Beide TPO zusammen bilden im Markt die größte Gruppe unter den TPE gemeinsam mit den TPS (siehe Kap. 12 Nachwort).

Die TPO-Co-Polymere ist eine schnell wachsende Produktfamilie, weil sie vergleichsweise preiswert aus dem Prozess der Öl-Raffinerie heraus synthetisiert werden kann und im Zuge der Ziegler-Natta- und insbesondere der Metallocen-Katalyse ein vielseitiger Molekülaufbau in Block-Strukturen möglich ist. Die Monomere sind α-Olefine, wie Ethylen und Propylen, aber auch 1-Buten und höhere bis hin zu cyclischen Bausteinen wie Cycloocten oder Norbonen. Sowohl die kristalline als auch die flexible Phase kann aus Polyethylen oder Polypropylen gebildet werden. Wieweit die Hartsegmente daraus entstehen, entscheidet die Molmasse und die stereospezifische Anordnung des Polymeren. Im Fall des Polypropylens ist es das isotaktische, das sich zu einem Kristallgefüge aufbaut, wie in der Illustration über Vistamaxx von der ExxonMobil zu sehen ist (Abb. 4.1). Im Fall von Polyethylen als Hartsegment spielt die Kettenlänge eine entscheidende Rolle, sofern keine anderen Gruppen in das Polymersegment eingebaut sind.

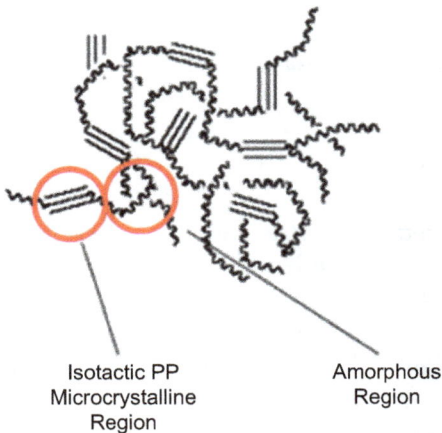

| Isotactic PP Microcrystalline Region | Amorphous Region | **Abb. 4.1:** Struktur eines TPO-C aus Polypropylen- und Polyethylen-Segmenten (Quelle: ExxonMobil). |

4.1 Herstellverfahren

Entsprechend der gewünschten Vielseitigkeit und Flexibilität entscheidet man sich für einen Batch-Prozess im Kessel oder eine kontinuierliche Fahrweise im Rohreaktor. Die Reaktion kann in Lösung oder in Masse erfolgen, wobei dort die Ausgangs-

https://doi.org/10.1515/9783110740066-004

stoffe unter geeigneten Bedingungen im flüssigen Zustand vorliegen und in der Anfangsphase ein rührfähiges Gemisch zulassen. Die gewünschte Produktqualität und
der Kettenaufbau lassen sich über die Verfahrensparameter einstellen, sowie über
den Gehalt an Katalysator und eventuell einem Co-Katalysator.

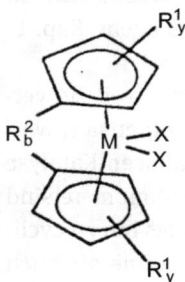

Abb. 4.2: Struktur eines Metallocen-Katalysators (aus EP 0347128 B1 –
Exxon).

Während die Ziegler-Natta-Katalyse (z. B. Titanchlorid mit Lithium-Aluminium-al-
kyle) nur eine einseitige Polymerisation vom Katalysator aus generieren kann, ist
die Metallocen-Katalyse (Abb. 4.2) vielseitiger einsetzbar, um olefinische Block-Co-
Polymere aufzubauen. In der Regel handelt es sich bei diesen Katalysatoren um
einen Komplex aus Cyclopentadienyl-Schichten als Ligand um ein Metallatom (meist
Zirkonium). Die spezifische Wirksamkeit wird durch die verschiedenen Gruppen der
Liganden am Metall und dem Cyclopentan beeinflusst. Die direkte Nutzung der Monomere aus der Erdölfraktion gibt die Möglichkeit, die Herstellkosten niedrig zu halten.
Dieser Prozess gibt den TPO-C auch den Beinamen „Reaktorpolymere".

4.2 Eigenschaften

Eine Nomenklatur der TPO Co-Polymere existiert bisher in der ISO-Norm 18064 noch
nicht, daher spricht man noch häufig von POE (Polyolefin-Elastomere) oder OBC (Olefinische Block-Copolymere). Allerdings liegt die Bezeichnung als TPO-C im Entwurf
bei ISO vor (siehe auch Kap. 12 Nachwort). Dabei wird nicht immer unterschieden, ob
es sich um statistische oder blockartige Molekülstrukturen handelt. Die zurzeit gängigsten Monomere sind noch Ethylen, Propylen, 1-Buten und 1-Octen. In jedem Fall
resultieren unpolare Polymere. Sie sind gegen polare Medien in der Regel beständig,
also gegen wässrige Verbindungen. In Benzin oder Ölen dagegen quellen sie oder
lösen sich auf. Die Beständigkeit gegen Licht- und UV-Einwirkung oder Umweltein-
flüssen gleicht denen von Polyolefinen allgemein. Das gibt ihnen unter anderem die
Möglichkeit als Verpackungsmaterial zu dienen oder auch im Autoinnenraum eingesetzt zu werden, wo eher eine feuchte Atmosphäre zum Tragen kommt. Die hohe
Transparenz, Flexibilität und die unpolare Struktur eröffnet den TPO eine Reihe von
Anwendungen in der Lebensmittelbranche (Abb. 4.3).

Abb. 4.3: Fast Food Container aus TPO (Quelle: Scholz).

In der Betrachtung der mechanischen Festigkeiten, spielen die Molmasse des TPE, der Anteil und die Struktur der Hartphase eine entscheidende Rolle. In Folge der Kundenanforderung ist es ein Zusammenspiel aus gewünschten Eigenschaften und guter Verarbeitbarkeit. Je leichter die thermoplastische Verarbeitung und je geringer die Viskosität in der Schmelze, desto geringere Festigkeiten sind zu erwarten. Die beste Balance zu finden, ist Aufgabe des Herstellers.

Im vorderen Teil des Buches (Kap. 2.4) wurde die Dynamisch Mechanische Analyse vorgestellt, und dass sie Aufschluss darüber gibt, wie sich das Material über einen weiten Temperaturbereich verändert. Es lassen sich Phasenübergänge erkennen und Hinweise darüber geben, wo die Moduli unter geringer dynamischer Belastung liegen. In der DMA-Kurve (Abb. 4.4) sind zwei TPO Co-Polymere unterschiedlicher Härte vermessen worden (Methodenbeschreibung siehe Kap. 11.3).

Das weichere Material in dem Diagramm zeigt noch einen ausgeprägten Glasübergang und ein vergleichsweise zum Gummi sehr kurzes elastisches Plateau. Der härtere Typ ändert sein Modul-Niveau mit Beginn der Glasstufe kontinuierlich. Da man bei diesen transparenten Materialien von einer amorphen Struktur ausgehen kann, sind eher stetige kleine Veränderungen mit steigender Temperatur zu erwarten, weil keine ausgeprägte Separation von Hart- und Weichphase vorliegt. Daher kann man von einer leichten Verarbeitung ausgehen. Wenn am Ende der Kurve die feste Phase schmilzt, endet die Gebrauchstemperatur des Materials spätestens. Anhand der DMA lässt sich

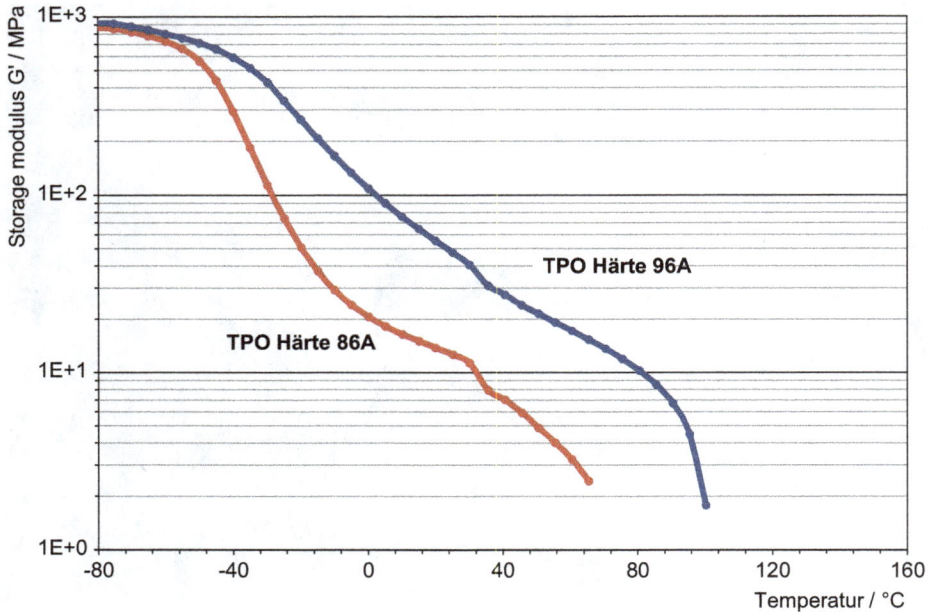

Abb. 4.4: Dynamisch mechanische Analyse von TPO-C der Dow (Shore 86A – 3s) und (Shore 96A – 3s), Messung in Torsion mit der Frequenz von 1Hz.

jedenfalls gut erkennen, dass diese TPO-C weit unter 0°C flexibel sind und nicht verhärten, oder spröde werden.

Aus diesem Profil ist erklärbar, dass diese TPO-C häufig zur Modifizierung von Thermoplasten eingesetzt werden, um sie duktil zu machen. Mit dieser Eigenschaft der frühen Erweichung lässt es sich gut in ein anderes Polymer einmischen, um eine elastische Komponente einzubringen. Damit reduziert man die Sprödigkeit eines harten Thermoplasten. Will man die TPO-C als alleinigen Werkstoff für den technischen Einsatz verwenden, empfiehlt es sich, die Polymere mit anderen olefinischen Thermoplasten oder mit Füllstoffen zu versehen, um bessere Festigkeiten und zu bewirken. Üblicherweise dienen dazu Polypropylen von Seiten der Thermoplaste, sowie Calciumcarbonat oder Talkum als anorganische Komponente. Natürlich reduziert der anorganische Füllstoff den großen Vorteil der niedrigen Dichte, die beim reinen TPO bis 0,86g/cm^3 runtergehen kann.

Als typische Messgrößen zur Beurteilung der Verwendbarkeit werden Festigkeiten aus dem Zugversuch und Druckverformungsreste herangezogen. Nimmt man Werte aus dem Zugversuch (DIN 53504, ISO 37, ASTM D 412), so findet man über die Produktfamilie im Härtebereich Shore 50A bis 90A Werte von:

Zugfestigkeit   2–25MPa
Reißdehnung   500–2000%

Werte zu Druckverformungsresten findet man in der Literatur nicht, weil diese Materialien nicht für den Dichtungsbereich eingesetzt werden. Bedenkt man, dass eine Probe unter Temperatur eingequetscht gelagert wird und anschließend die verbleibende Dicke des Körpers gemessen wird, bekommt man einen guten Hinweis darauf, wie dieser Werkstoff unter der Belastung nachgibt. Die DMA ist hierfür kein Messwert-Kriterium und kann nur einen groben Hinweis geben, unter welchem Temperaturbereich das Material zum Kriechen neigt.

Des Weiteren interessieren die elastischen Eigenschaften. In der Einführung der TPE (Kap. 2.3) ist die Intermittierende Spannungs-Dehnungs-Messung vorgestellt worden, die ein mögliches Charakteristikum für die Beschreibung der Elastizität eines Materials darstellt. In der folgenden Kurve (Abb. 4.5) lässt sich die verbleibende Verformung der hier ausgesuchten TPO-C gut verfolgen (Methodenbeschreibung siehe Kap. 11.4).

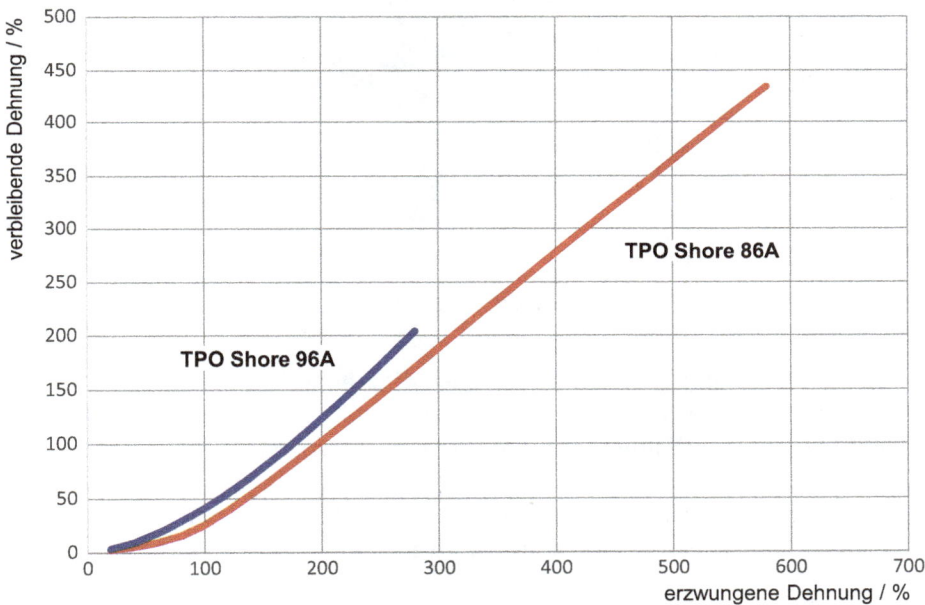

Abb. 4.5: Dehnungswerte aus der Intermittierenden Spannungs-Dehnungs-Messung von TPO-C der Dow (Shore 86A – 3s) und (Shore 96A – 3s).

Solange die Kurve noch flach verläuft, wie am Anfang bei geringer Dehnung, kann man von einer ausreichenden Elastizität ausgehen. Sobald sich die Steigung des Graphen erhöht, findet eine stärkere Verformung in der Morphologie statt. Der Effekt tritt stärker auf, je härter ein Produkt ist, da mit abnehmender Weichphase der elastische Anteil abnimmt. Je nach Rezeptur haben Zuschlagstoffe ebenso einen Einfluss auf das Dehnungsverhalten. Generell zeigt das Material eine gewisse Elastizität bei geringen Dehnungen und eine stärkere Verformung bei hohen Dehnungen. Die geringe Rückstellung bei guter Dehnung wird zum Beispiel in der Verpackung mit Stretch-Folien (Abb. 4.6) genutzt, um eine gute Haftung und Dichtigkeit zu erlangen.

Abb. 4.6: Folien aus TPO (Quelle: Basilios1/Getty Images).

Betrachtet man diese Anwendung, so spielt eine hohe Elastizität keine wichtige Rolle. Gleichermaßen sind bei Überspritzungen von harten Körpern die angenehme Haptik und die gute Haftung zum Substrat eine wesentliche Eigenschaft. Bei der Thermoplast-Modifizierung ist es die Weichheit, um die Duktilität zu erhöhen. In jedem Fall lässt sich der Kurvenbereich bei geringer Dehnung herausziehen, um nähere Aussagen über den Verformungsgrad zu erhalten.

4.3 Verarbeitung

TPO Co-Polymere sind für die üblichen thermoplastischen Verarbeitungsmethoden geeignet, wobei die TPO-C häufig mit anderen Polymeren modifiziert werden müssen, um es anpassungsfähiger zu machen. Der Verarbeiter hat die Möglichkeit, mit der Kenntnis über das thermische Verhalten des Werkstoffes, das Temperaturprofil seiner Maschine einzustellen. Das heißt, wo liegt der Schmelzbereich des Materials und wann erstarrt die Schmelze wieder. Solche Informationen gewinnt man leicht über die Dynamische Differenz-Thermoanalyse (DSC=Differential Scanning Calorimetry, siehe Kap. 11.5). In der Aufheizkurve des folgenden Diagramms (Abb. 4.7) erkennt man einen recht scharfen Schmelzpeak mit einem großen Vorschmelzbereich, was für eine breite Kristallgrößenverteilung spricht. Der Rekristallisationspeak in der Abkühlkurve liegt recht nah am Temperarturbereich des Aufschmelzens der Probe. Das zeugt von einer frühen Rekristallisation, doch mit dem langsamen Erreichen der Grundlinie ist von einer langen Verfestigungszeit auszugehen. Das wird über Füllstoffe und Nukleierungsmittel aufgefangen. Insgesamt erwartet man also eine niedrige Prozesstemperatur und ein frühes und langsames Verfestigen.

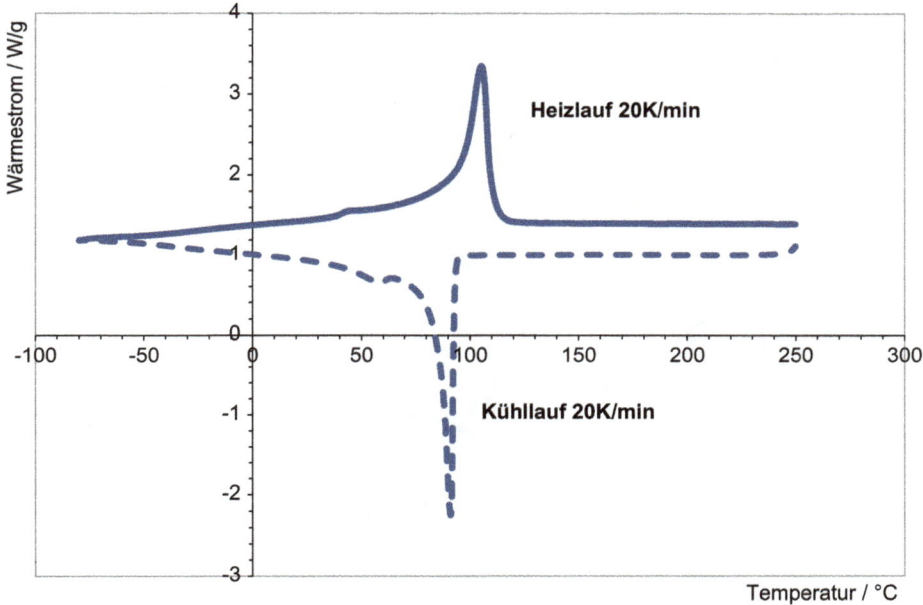

Abb. 4.7: Dynamische Differenz-Thermoanalyse von TPO-C der Dow (Shore 96A – 3s), Temperaturlauf mit 20K/min.

Wenn man die thermischen Verhältnisse auf das Produkt abstimmt, ist das TPO-C während der Verarbeitung recht stabil und man erhält in seinem Fertigteil die mechanischen Eigenschaften, die in den zugeordneten Datenblättern geliefert werden. Angaben zur Viskosität bekommt man vom Hersteller für jedes Produkt, wobei die jeweiligen TPO-C einen Wert als Schmelzflussindex (MFR=Melt Flow Rate) vorliegen haben. In Kapitel 11.6 wird auf die Prüfmethoden etwas tiefer eingegangen. Der MFR ist allerdings nur ein Punkt aus einer Viskositätskurve, in der die Viskosität der Schmelze über die Schergeschwindigkeit aufgetragen ist. Dieses gibt weit mehr Aufschluss über das Verhalten des Materials bei der Verarbeitung. Doch ist der Verarbeiter mit dem Material vertraut und wünscht sich weiterhin eine gute Chargenkonstanz, genügt für die TPO-C oft der Wert eines MFR, um eine Einschätzung des Verarbeitungsverhaltens zu bekommen. Die genauen Verarbeitungsparameter sind den Hinweisen des Herstellers zu entnehmen.

5 TPV – Olefin basiertes TPE, vulkanisiert, stellt sich vor

Diese Klasse der Polymer-Compounds mit vernetzten Kautschukpartikeln hat einen eher kleineren Anteil an dem gesamten TPE-Markt (siehe Kap. 12 Nachwort), doch bietet diese Produktfamilie eine Vielzahl an Eigenschaftsprofilen, besonders im technischen Bereich. Streng genommen sind die TPV eine Weiterentwicklung der TPO Blends (TPO-M). Generell verändern Polymer-Compounds ihre Morphologie während der Verarbeitung, umso mehr, je gleicher die Mengenanteile der Blendpartner sind. Je höher der Stress (ohne intensive Vermischung), d. h. Scherung und Temperatur, mit der Verarbeitung einhergeht, neigen viele Polymer-Compounds zur Phasenseparation. Das reduziert die mechanischen Eigenschaften des Werkstoffes, weil die mobile Phase nicht mehr so fein verteilt ist wie vor der Verarbeitung. Dazu kommt, dass mit überwiegendem Anteil Kautschuk, dies die kontinuierliche Phase bildet und der Thermoplast dispers verteilt ist. Um dieser Phasenumkehr entgegenzuwirken, werden bei dem TPV die Kautschukpartikel während der Compoundierung vernetzt, bleiben dispers verteilt und behalten auch während der Verarbeitung ihre Morphologie.

Diese gute Verarbeitbarkeit findet seine Anwendung häufig in der Extrusion, wenn es um gute Schmelzefestigkeiten geht, wie in Abb. 5.1 zu sehen. Ein Schmelzeschlauch wird direkt nach der Extrusion in eine Form eingeschlossen und mit Druckluft an die kalte Wandung gedrückt. Dies nennt man Blasform-Extrusion (auch Extrusionsblasen), mittels der ein komplexer Hohlkörper wie der Faltenbalg hergestellt werden kann.

Abb. 5.1: Blasformteil mit Faltenbalg-Segment aus TPV (Quelle: Mocom).

Angelehnt an die DIN EN ISO 18064 soll ein Material in seiner Zusammensetzung erkennbar sein. Dort ist mit dem Begriff TPV die Kombination des vernetzten Kautschuks und dann der thermoplastischen Matrix angeschlossen:

https://doi.org/10.1515/9783110740066-005

TPV-(EPDM+PP)   Matrix aus Polypropylen+Elastomer aus Ethylen-Propylen-dien-Copolymer
TPV-(NR+PP)   Matrix aus Polypropylen+Elastomer aus Naturkautschuk

In der Norm sind wenige der im Markt vorhandenen Variationen aufgeführt, sodass nur PP als Matrix zu finden ist. Mittlerweile werden TPV mit einer Matrix aus Polyamid (PA) oder Polybutylen-Terephthalat (PBT) angeboten, die ein höheres Leistungsniveau versprechen.

5.1 Herstellverfahren

Die im Markt übliche Kombination bei den TPV ist der Blend aus Polypropylen (PP) als Hartphase und Ethylen-Propylen-Dien-Copolymer (EPDM) als flexible Phase, die während der intensiven Vermischung der Komponenten meist ionisch mit Phenol-Formaldehyd-Systemen und in manchen Verfahren mit Peroxid radikalisch oder in speziellen Fällen mit Siloxanen vernetzt wird. Die Vernetzung der Kautschuk-Phase ist auch mittels Schwefel möglich und üblich, was jedoch aus Gründen des Geruchs hier selten vorgenommen wird. Zudem liegen im Vergleich zur Vulkanisation des reinen Kautschuks weit höhere Temperaturen und deutlich kürzere Reaktionszeiten vor, was mit Schwefel nur schwer zu steuern ist. Auch eine Elektronenstrahl-Vernetzung kann viele Nebenreaktionen auslösen und ist daher kaum zu kontrollieren.

Die Compoundierung findet unter intensiver Scherung in einem gleichsinnig drehenden Doppelschnecken-Extruder (auch Zweiwellen -Extruder genannt) statt, um im geeigneten Moment die Vernetzungsagentien einzutragen. Da die Vernetzung im Extruder abläuft, spricht man auch von einer reaktiven Extrusion. Diese dynamische Vulkanisation im Kneter ist ebenso üblich, wobei dieses Verfahren in der Hauptsache im Labor- oder Pilotmaßstab eingesetzt wird. Der Kneter ist ein diskontinuierliches Verfahren, bei dem zwei sich drehende Knetblöcke in einem geschlossenen Raum die hochviskose Mischung vornehmen. Die Scherung wird über die Geometrie und das Drehmoment bestimmt. Dieses Verfahren lässt mehr Flexibilität zu, ist aber für große Mengen aufwändiger und weniger homogen von Charge zu Charge im Vergleich zum Extruder (Abb. 5.2).

Die Kautschuk-Komponente (z. B. EPDM) wird im Extruder vorgelegt oder gleichzeitig mit dem Thermoplasten (z. B. PP) intensiv vermischt. Im weiteren Verlauf wird das Vernetzungssystem dazugegeben, das über die Doppelbindungen im Kautschuk zur kovalenten Bindung führt. Da nur der Kautschuk über die ungesättigten Einheiten verfügt, findet die Vulkanisation spezifisch in der weichen Phase statt. Der Kautschuk ist zu größeren Anteilen in der Mischung vorhanden und bildet zunächst die kontinuierliche Phase. Das schlägt um, wenn die Vernetzung vonstattengeht und der Kautschuk in kleine Phasenelemente zerrissen wird. Das kann runter bis zu einem

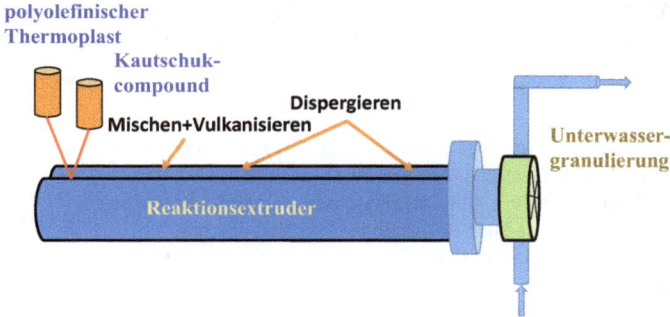

Abb. 5.2: Modell einer kontinuierlichen Reaktionsextrusion zum TPV.

Durchmesser von 1µm gehen. Je feiner verteilt die mobile Phase ist, desto besser sind die mechanischen Eigenschaften. Diesbezüglich ist 1–5µm der optimale Größenbereich der Kautschukphase. Im Prozess werden gleichzeitig Additive wie Füllstoffe und Öle mit eingebracht, wenn sie nicht bereits im Kautschuk vorhanden sind.

Höhere Vernetzungen und erweiterte mechanische Eigenschaften lassen sich über die Vernetzung mit Peroxiden realisieren, doch kann die thermoplastische Matrix ebenso angegriffen werden, was unerwünscht ist. Eventuell kann der Kautschuk über einen Seitenextruder zugeführt werden, sodass der Vernetzer bereits in dieser Phase eingebunden ist und im Hauptextruder nicht mehr an die Matrix geht. Die Vulkanisation über Peroxide muss sehr behutsam durchgeführt werden, um Nebenreaktionen zu vermeiden. Ein Beispiel findet sich in der Anwendung von solchen TPV als Haut für Instrumententafeln (Abb. 5.3), meist noch mit einer Schaumschicht für den weichen Griff.

Abb. 5.3: Instrumententafel (rot) aus TPV der Mitsui auf einem Polyolefin-Körper (Quelle: Continental).

Bei den TPV laufen die Produktentwicklungen weiter. Man findet in den Publikationen als thermoplastische Matrix Polyamid (PA), Polymethyl-Methacrylat (PMMA), Polystyrol (PS), Polyterephthalate (PBT, PET) und als elastische Komponente Nitril-Butadien-Kautschuk (NBR), Naturkautschuk (NR), Butadien-Kautschuk (BR),

Polyacrylat-Elastomer (ACM) als auch Silikon-Kautschuk (VMQ). Daher ließe sich aus dem Nomenklatur-System in der ISO 18064 eine Reihe von anderen Bezeichnungen ableiten:

TPV-(NBR+PA)   Matrix aus Polyamid+Elastomer aus Nitril-Butadien-Kautschuk
TPV-(ACM+PA)   Matrix aus Polyamid+Elastomer aus Acrylat-Kautschuk
TPV-(ACM+PBT)   Matrix aus Polybutylen-Terephthalat+Elastomer aus Acrylat-Kautschuk
TPV-(VQM+TPU)   Matrix aus Thermoplastischem Polyurethan+Silikonkautschuk
TPV-(EVM+PBT)   Matrix aus Polybutylen-Terephthalat+Elastomer aus Ethylen-Vinylacetat-Kautschuk

Von den neuen Entwicklungen verspricht man sich eine höhere Temperaturstabilität und eine bessere Beständigkeit gegen Umwelteinflüsse oder spezielle Medien, wie Öl und Benzin. Dies sind Eigenschaften, die sehr stark von der kontinuierlichen Matrix geprägt sind und daher trifft die Wahl zum Beispiel auf Polyamide wie PA 66 oder Polyester wie PBT. Nach Aussage großer Hersteller ist EPDM+PP immer noch mit über 90% im Markt vorherrschend und die genannten Alternativen kleine Spezialitäten.

5.2 Eigenschaften

Solange das TPV eine unpolare Struktur hat (PP/EPDM), ist die Beständigkeit gegen niedermolekulare Öle und Benzin eher schwach, weil sie mit dem Polymer verträglich sind oder es gar auflösen können. Die Einflüsse von Licht und Oxidation entsprechen denen der Polyolefine und müssen bei Außenanwendungen mit Additiven stabilisiert werden. Wässrige Medien sind dagegen unkritisch. Die könnten wiederum bei einer Matrix PA oder PBT eine Rolle spielen, wobei deren Affinität zu Ölen und Benzin geringer ist. Bezogen auf die mechanischen Festigkeiten besonders bei erhöhter Temperatur spielt die Matrix eine wesentliche Rolle, wobei die vernetzten Kautschukpartikel auch eine stabilisierende Wirkung erzielen. Die Festigkeit und geht natürlich verloren, wenn der Thermoplast erweicht.

Im folgenden Diagramm (Abb. 5.4) sind drei TPV (EPDM/PP) unterschiedlicher Härte in einer Dynamisch Mechanische Analyse angeführt (Methodenbeschreibung siehe Kap. 11.3).

Der Kurvenverlauf der DMA eines reinen Polypropylens wäre eine nahezu waagerechte Linie bis zum Schmelzpunkt des Polymers, an dem der Modul rapide abfällt. Mit dem Anteil an elastomerer Phase sinkt der Modul mit steigender Temperatur, je mehr desto höher der Kautschukanteil ist. An den weicheren Proben im Diagramm erkennt man den Beginn einer ausgeprägten Glasübergangsstufe bei niedrigen Temperaturen. Ein anschließendes Plateau des Modulverlaufs, wie es ein quasi idealer vernetzter Kautschuk zeigt, ist mit der Blend-Struktur kaum zu erzielen. Mit steigender Temperatur nimmt die Beweglichkeit der Moleküle zu, und damit nimmt die Fes-

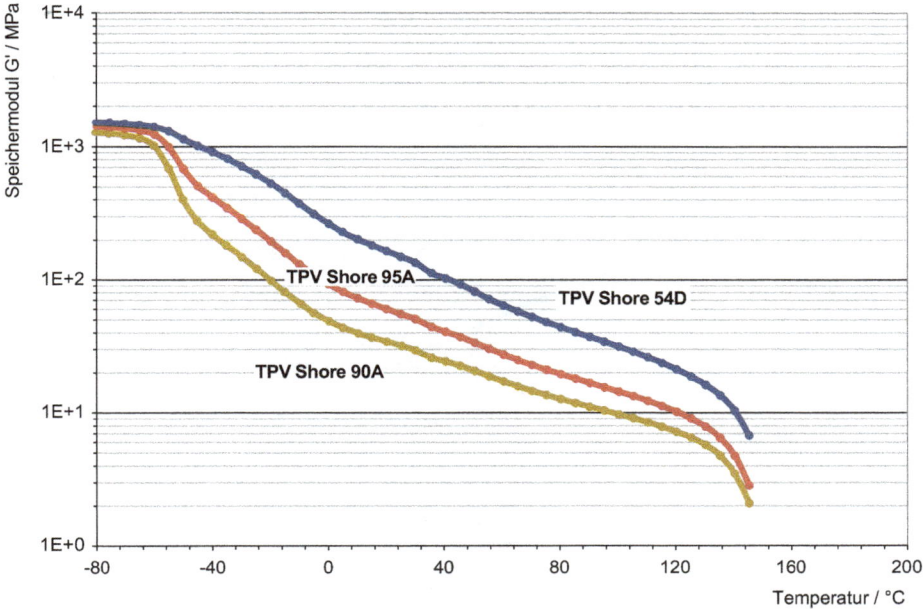

Abb. 5.4: Dynamisch mechanische Analyse von TPV-(EPDM+PP) der ExxonMobil (Shore 90A – 3s), (Shore 95A – 3s) und (Shore 98A/54D – 3s), Messung in Torsion mit der Frequenz von 1Hz.

tigkeit zwischen den Phasen ab und der Modul sinkt. Die Weichheit eines TPV wird nicht nur über die reine elastomere Phase bestimmt, sondern auch durch die Zugabe von Ölen. Die sind so gut mit dem System verträglich, dass sie in dem TPV homogen verteilt bleiben.

In dem Bereich der mittleren und tieferen Shore A Werte finden sich mehr Anwendungen im Markt als in den höheren Härten. Im Shore D Bereich sind TPV kaum verfügbar, zumal man in die preiswertere Produktklasse der zähmodifizierten Thermoplaste eindringt. Das folgende Bild (Abb. 5.5) zeigt die DMA zweier TPV (EPDM/PP) mit hohem Anteil an weichmachendem Öl.

Der Einfluss des Kautschukanteils und des Öls ist deutlich erkennbar, sodass die niedrigen Shore Härten auch hier einen ausgeprägten Glasübergang zeigen und das Gefälle im Temperaturbereich des elastischen Zustands flacher verläuft als bei den härteren TPV. Dadurch ist von diesen Produkten eine gute Flexibilität in der Kälte zu erwarten, wie auch eine geringere Festigkeit, verglichen mit den härteren Vertretern. Allerdings wird der Modul über einen weiten Temperaturbereich im Gebrauch konstanter sein.

Durch den olefinischen Charakter werden die TPV gern als Alternative zu vielen Gummi-Produkten ausgewählt, und das bedeutet, dass die weichen Produkte mehr Anwendungen finden. Gleiches gilt auch für die TPS (siehe Kap. 6). Dieser Bezug zu den klassischen Elastomerprodukten geht soweit, dass sich auch die Bezeichnun-

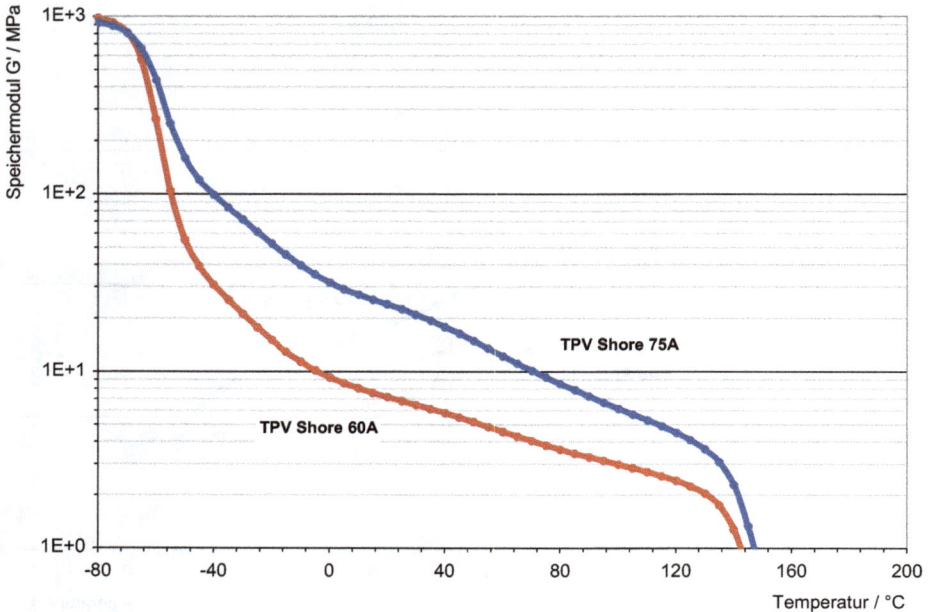

Abb. 5.5: Dynamisch mechanische Analyse von TPV-(EPDM+PP) der Mocom (Shore 60A – 3s) und (Shore 75A – 3s), Messung in Torsion mit der Frequenz von 1Hz.

gen aus der Gummi-Branche entwickelt haben. So findet man heute noch Rezeptur-angaben, die in phr (parts per hundred rubber) und nicht in Prozent angeführt sind. TPV wird immer noch zum Teil als thermoplastischer Gummi bezeichnet.

Die folgende DMA in Abb. 5.6 zeigt einen Vergleich des Shore 60A TPV mit einer ähnlich harten Mischung eines Styrol-Butadien-Kautschuks (SBR ölverstreckt, 31,6% Ruß, Schwefel-Vernetzung). Der verwendete SBR-Gummi stellt eine übliche Rezeptur für Reifensegmente dar. Man erkennt viele Überschneidungen, sodass man sich eine Reihe von technischen Anwendungen vorstellen kann, die die TPE Alternative zur Gummi-Mischung möglich machen. Natürlich sind Autoreifen davon ausgeschlos-sen, weil kein TPE der dynamischen Belastung und der Hitzebildung standhalten würde.

Alle Materialien, wie für die TPV typisch, sind unter 0°C nicht spröde und zeigen elastomeren Charakter. Der Modul bricht bei über 130°C ein, was auch durch die Wärmeformbeständigkeit des PP beeinflusst wird. Bis zum Abfall des Moduls zeigen die TPV eine gute Formstabilität, eine Eigenschaft, die zum Beispiel für einen guten Druckverformungsrest benötigt wird. Das ist der Grund, weshalb TPV häufig als Mate-rial für Dichtungsprofile in sehr vielen Marktsegmenten eingesetzt werden (Abb. 5.7).

Ein grober Blick in die mechanischen Eigenschaften zeigt im Zugversuch (DIN 53504, ISO 37, ASTM D 412) über eine Härtebereich Shore 30A bis 50D dieser Produkt-familie Werte von:

Zugfestigkeit   2–25MPa
Reißdehnung   300–500%

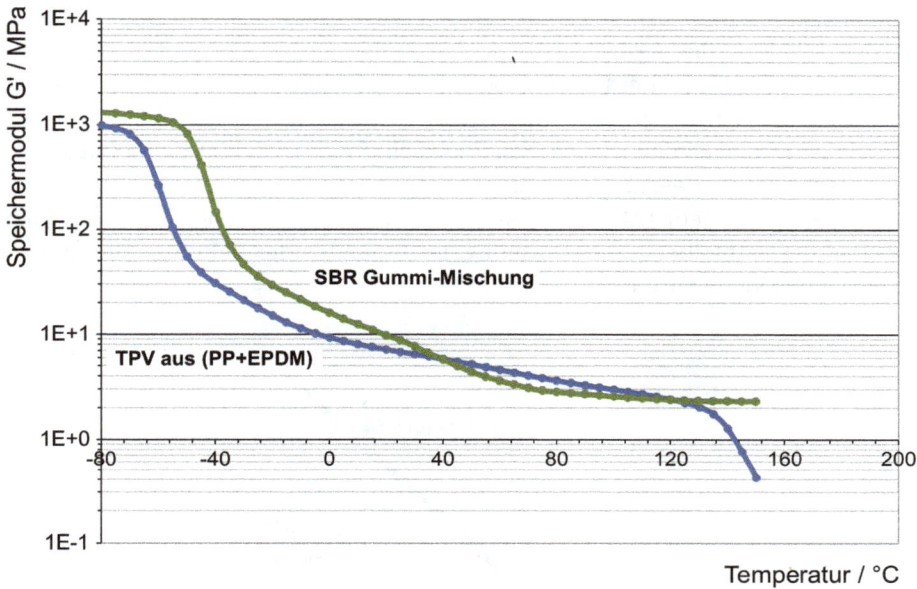

Abb 5.6: Vergleich der Dynamisch mechanischen Analyse von einem TPV der Mocom (Shore 60A – 3s) mit einer Gummi-Rezeptur aus Styrol-Polybutadien (Shore 56A – 3s), Messung in Torsion mit der Frequenz von 1Hz.

Abb. 5.7: Extrudiertes Türprofil im Automobil (Quelle: Scholz).

Druckverformungsreste (siehe Kap. 11.2) werden bei verschiedenen Temperaturen angegeben. In den Datenblättern der Hersteller finden sich Angaben mit Werten wie bei Raumtemperatur unter 20%, bei 70°C gehen sie von 20% bis 60% und selbst bei 100°C sind teilweise solch niedrigen Zahlen zu finden. Die gute Wärmeformbeständigkeit ist im Wesentlichen der vernetzten dispersen Kautschukphase geschuldet, die in dem Thermoplast eingebunden ist. Daher sind die niedrigen Werte der Druckverformungsreste begründet und die TPV im Dichtungsbereich oft anzutreffen. Die Auswahl der Materialkombinationen ermöglicht eine große Breite der Eigenschaftsprofile, weshalb versucht wird, mit leistungsstarken technischen Thermoplasten als Matrix und medienbeständigen Kautschuken die Eigenschaften die Anwendungsbreite der TPV zu erweitern.

Wie gestalten sich die elastischen Eigenschaften? Auch hier ist im folgenden Diagramm eine Auswertung aus den Intermittierenden Spannungs-Dehnungs-Messungen dargestellt (Abb. 5.8). Aus dem Verlauf der Kurven erschließt sich der Grad der verbleibenden Verformung bei zunehmender Dehnung (Methodenbeschreibung siehe Kap. 11.4).

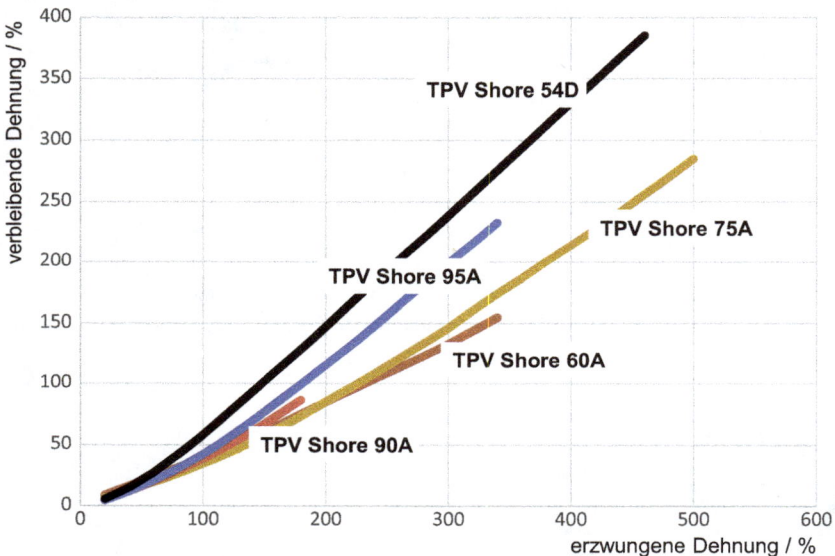

Abb. 5.8: Dehnungswerte aus der Intermittierenden Spannungs-Dehnungs-Messung von TPV-(EPDM+PP) der ExxonMobil (Shore 90A – 3s), (Shore 95A – 3s), (Shore 98A/54D – 3s) und der Mocom (Shore 60A – 3s), (Shore 75A – 3s).

Es ist wie bei den anderen TPE zu beobachten, dass mit zunehmender Härte des Produktes die bleibende Dehnung zunimmt, also die Elastizität abnimmt. Abweichend von Gummielastomeren nimmt mit steigenden Shore A Werten die Dehnbarkeit des TPV mit zunehmender Härte zu. Dies lässt sich daraus erklären, dass mit zunehmendem Anteil an Elastomerpartikeln die Festigkeit des Compounds abnimmt, weil die kontinuierliche PP-Matrix dünner wird. Bei hohen mechanischen Ansprüchen wie der Dehnung wirken die Partikel der dispersen Phase wie kleine Fehlstellen, auch wenn sie sehr kleine Durchmesser haben (üblicherweise um 1μm). Bei den weichen Mischungen wird dieser Effekt durch das Öl kompensiert, weil es die Dehnbarkeit des Materials erhöht. Geht man in die größten Anwendungsfelder der TPV (Profile, Dichtungen, Überspritzungen), erkennt man, dass hohe Dehnungen allerdings kaum gefragt sind.

5.3 Verarbeitung

Aus den TPV sind mit allen üblichen thermoplastischen Verarbeitungsmethoden Fertigteile herstellbar. Bevor ein neues Material in die Hand genommen wird, wird sich der Operateur über das thermische Verhalten informieren. Aus dem Bereich der Thermoplasten heraus hat sich der Schmelzfluss-Index (MFR, MVR) etabliert und wurde von vielen TPE übernommen. Die Anbieter der TPV haben sich davon verabschiedet, weil der MFR den Viskositätswert bei nur einer Schergeschwindigkeit angibt. Außerdem ist unter den Messbedingungen das Material meist noch nicht komplett aufgeschlossen, sodass sich die Morphologie des Materials während der Messung ändert und kein Nutzen aus den Messwerten gezogen werden kann. Bei geringer Scherung der MFR-Messung ist die Struktur des TPV noch zu inhomogen, sodass auf Viskositäten bei höheren Scherungen nicht verlässlich zu extrapolieren ist. Besser ist es, Fließkurven aus Viskosität über Schergeschwindigkeit (siehe Kap. 11.7) aus einem Rheometer zu generieren und die Viskosität bei bestimmter Scherung auszuwählen, wo es der Realität beim Verarbeiter eher entspricht. Besonders lässt sich daraus eine Aussage zur Verarbeitungsfähigkeit machen. Ein Beispiel ist die folgende Kurvenschar (Abb. 5.9) eines

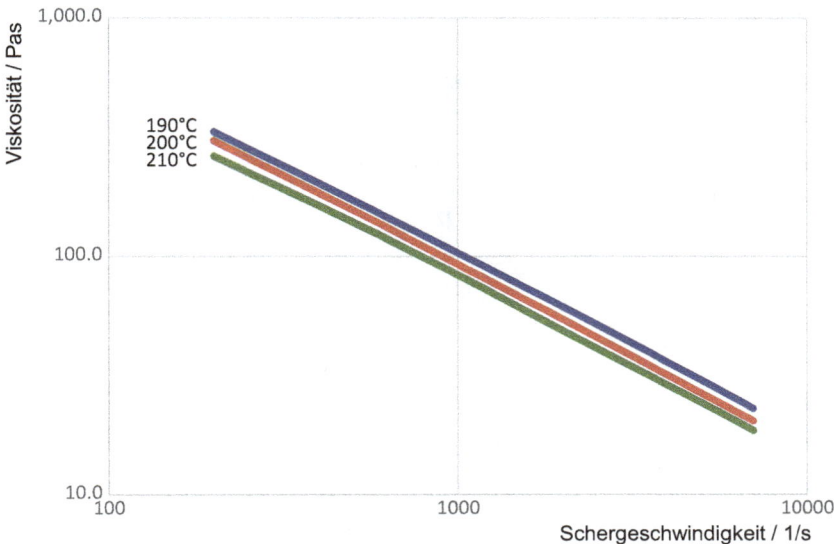

Abb. 5.9: Viskositäts-Messung von TPV-(EPDM+PP) der Mocom (Shore 75A – 3s) im Hochdruck-Kapillarviskosimeter (HKV) bei 190°C, 200°C, 210°C.

TPV der Härte 75A. Es ist zu erkennen, dass sich Material selbst bei unterschiedlichen Temperaturen (190–210°C) nahezu gleich verhält.

Damit ist ein breites Verarbeitungsfenster gegeben, also ein geringer Einfluss von Temperaturverschiebungen. Das bezeugt eine gute Verarbeitungsstabilität, sofern die empfohlenen produktspezifischen Parameter eingehalten werden. Allerdings muss man darauf achten, dass hohe Scherungen einen Einfluss auf die Oberfläche des fertigen Teils haben, indem das PP dann angereichert wird.

Nahe an der Praxis bietet die Fließwegspirale einen kompetenten Hinweis auf das Verhalten des Materials im Spritzguss (siehe Kap. 11.8). Das Werkzeug ist ein runder oder eckiger Kanal mit Markierungspunkten, um die Fließweglänge unter bestimmten Bedingungen ablesen zu können. Bei den TPV (wie auch TPS) ist das Verfahren als Kundenservice üblich.

Des Weiteren kann das reine thermische Verhalten von Interesse sein, um gezielter das Temperaturprofil an der Maschine einzustellen. Die Information (Abb. 5.10) erhält man aus der Dynamischen Differenz-Thermoanalyse (DSC=Differential Scanning Calorimetry, siehe Kap. 11.5).

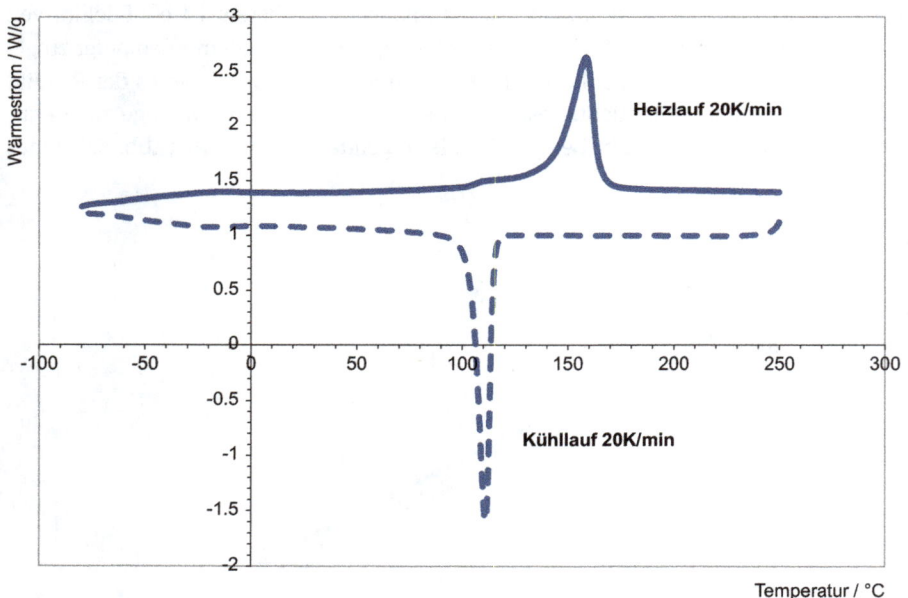

Abb. 5.10: Dynamische Differenz-Thermoanalyse von TPV-(EPDM+PP) der ExxonMobil (Shore 98A/ 54D – 3s), Temperaturlauf mit 20K/min.

Dieses für ein TPV harte Produkt zeigt seine thermischen Eigenschaften, die von PP bestimmt werden mit einem scharfen Schmelzpeak, bei dem die Verarbeitungstemperaturen zu wählen sind und einer scharfen und schnellen Rekristallisation aus der

Abkühlkurve. Diese gibt einen Eindruck wie schnell das Material wieder erstarrt. Aus der geringen Differenz der beiden Kurven lässt sich auf eine Verarbeitung mit kurzen Zykluszeiten im Spritzgießprozess schließen.

Im Markt ist immer noch das TPV aus PP und vernetztem EPDM vorherrschend. Dies sind unpolare Strukturen, die kein Wasser, bzw. Feuchtigkeit aus der Luft, aufnehmen. Von daher könnte man auf eine Trocknung der Granulate vor der Verarbeitung absehen. Empfohlen wird es vom Hersteller trotzdem, weil abhängig von der Vernetzungschemie die Polarität und damit die Wasseraufnahme steigen kann. Zudem gibt es teilweise modifizierte Einstellungen, die mittels polarer Komponenten eine bessere Adhäsion an technischen Kunststoffen bewirken. Selbst unter gewissen klimatischen Bedingungen kann es sein, dass sich Kondenswasser auf der Granulatoberfläche absetzt. Dies führt zu unerwünschten Gleiteffekten in der Maschine, die zu Schwierigkeiten in der Verarbeitung führen, wenn das Granulat nicht vollständig aufschließt. Auch hier ist der Kontakt zum Hersteller anzuraten, bei dem ausreichend Informationen zur Handhabung und zu Eigenschaften der Produkte vorliegen.

6 TPS – Styrol basiertes TPE stellt sich vor

Neben der größten Gruppe unter den TPE, die olefinischen, bilden die Thermoplastischen Styrol-Elastomere den nächst größeren Bedarf im globalen Markt (siehe Kap. 12 Nachwort). Häufig sticht das sehr gute Preis-Leistungs-Verhältnis heraus, weshalb diese Produktgruppe in allen Lebensbereichen zum Einsatz kommt. Vorweggenommen ist zu dieser Produktfamilie zu sagen, dass sie in reiner Form als technischer Werkstoff nur selten in Erscheinung tritt. Das polymere Styrol hat eine amorphe Struktur, erweicht unter Temperatur sehr langsam und ist als Hartphase sehr standfest. Damit ein TPS thermoplastisch vernünftig verarbeitet werden kann, wird es mit Weichmachern und/oder mit thermoplastischen Kunststoffen versetzt. Dies ist in der Regel ein Polypropylen (PP).

Bei den reinen TPS spricht man von einem Dreiblockaufbau mit einem olefinischen oder aliphatischen Weichsegment zwischen den harten Polystyrol-Blöcken. Die Chemie der Segmente wird in der Nomenklatur nach der bereits erwähnten DIN EN ISO 18064 benannt:

TPS-SBS	Styrol-Butadien-Styrol (nicht hydriert)
TPS-SIS	Styrol-Isopren-Styrol (nicht hydriert)
TPS-SEBS	Styrol-Ethylen-Butylen-Styrol (hydriert)
TPS-SEPS	Styrol-Ethylen-Propylen-Styrol (hydriert)
TPS-SIBS	Styrol-Isobutylen-Styrol (hydriert)

Soweit die Polystyrol-Phase anteilig kleiner ist als die flexible, bilden die Hartsegmente eher sphärische Strukturen, einerseits weil sie amorph sind, andererseits aufgrund der schlechten Mischbarkeit der Phasen. Das schlägt um, wenn der Hartsegmentanteil überwiegt und die flexiblen Bereiche sphärisch in der co-kontinuierlichen Polystyrol-Phase vorliegen. Dies hat durchaus einen Einfluss auf den Charakter der TPS, zumindest auf die Festigkeit und Polarität.

Die verschiedenen Morphologien dieser TPE sind recht komplex, doch für den Verarbeiter und Anwender ist es wichtiger zu wissen, ob das TPS in hydrierter oder nicht hydrierter Form vorliegt. Das bedeutet, dass in der nicht hydrierten Form noch oxidationsempfindliche Doppelbindungen vorhanden sind oder nicht, wie in der hydrierten Form (siehe Kap. 6.1). Dem wird in einem neuen Entwurf der ISO 18064 gerecht, wo die Nomenklatur in erster Linie von TPS-H für „hydriert" und TPS-N für „nicht hydriert" steht.

6.1 Herstellverfahren

In einem Kesselverfahren werden die Polymersegmente im inerten Lösemittel nacheinander aufgebaut. Mittels Butyl-Lithium, als Starter bevorzugt, werden über eine

https://doi.org/10.1515/9783110740066-006

lebend anionische Polymerisation üblicherweise erst die Styrol-Blöcke aufgebaut, dann an den reaktiven Enden, die olefinischen Weichsegmente aus Butadien oder Isopren polymerisiert und am Schluss wieder ein Styrol-Block gebildet (siehe Abb. 6.1). Daher rührt der Begriff Dreiblock. Über das Mengenverhältnis aus Initiator und Monomer lassen sich die jeweiligen Blocklängen einstellen.

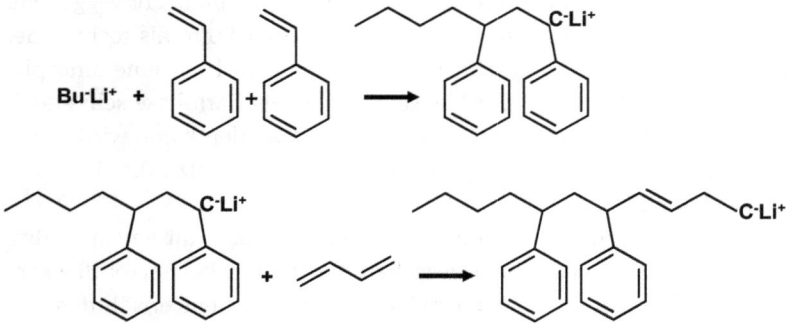

Abb. 6.1: Lebende anionische Polymerisation von SBS, beginnend mit Buthyl-Lithium als Katalysator am Styrol zum Polystyrol mit dem anionischen Ende, an dem das Butadien ebenfalls anionisch polymerisiert.

Das Butadien polymerisiert hierbei sowohl über beide Doppelbindungen zur linearen Kette als auch über nur eine der beiden, wobei eine Verzweigung mit einer Vinyl-Gruppe erhalten wird. Das erhöht die Flexibilität der Weichsegmente. In den üblichen Fällen wird ein Styrolanteil von 10–40% angestrebt, damit man von einem elastomeren Charakter des fertigen Polymers ausgehen kann. Der Hartsegmentanteil hat nur bedingt einen Einfluss auf die mechanischen Eigenschaften und das Verarbeitungsverhalten, weil viel über den Compound eingestellt wird.

Um die Beständigkeit gegen Umwelteinflüsse zu verbessern und die TPS verarbeitungsstabiler zu machen, werden die Doppelbindungen zu mindestens 99% hydriert, sodass aus einem SBS ein SEBS entsteht, sowie aus einem SIS ein SEPS. Das heißt, aus der Buten- oder Butyleneinheit wird ein lineares oder verzweigtes aliphatisches Weichsegment. Die Hydrierung erfolgt mit Wasserstoff unter erhöhtem Druck und Temperatur unter Mitwirkung eines Metall-Katalysators mit poröser Oberfläche. Ungesättigte Polymere neigen unter Einfluss von Sauerstoff zur Vergilbung und unerwünschter Vernetzung, was bei erhöhter Temperatur beschleunigt auftritt. Daher setzen die Compoundeure fast ausschließlich die hydrierten Formen der TPS ein. Besonders bei Anwendungen als Oberfläche dürfen keine Farb- oder Eigenschaftsveränderungen über die Gebrauchszeit vorkommen. Das gilt besonders für ein großes Anwendungsfeld, dem Überschichten von harten Thermoplastkörpern im Zwei-Komponenten-Spritzguss mit TPS. Das soll dem Werkstück einen weichen Griff zu geben (Abb. 6.2), eine Dichtung direkt anzufügen oder vieles mehr. Das geschieht häufig in einem Mehr-Komponenten-Spritzgießprozess, indem z. B. erst der harte Kunststoff eingespritzt wird, die Form etwas öffnet und über eine weitere Schnecke das weiche TPE als Oberschicht aufgetragen wird. Das ermöglicht die Herstellung solcher vielschichtigen Teile in einem Arbeitsgang.

Abb. 6.2: Schraubzwinge mit hartem Griff aus Polypropylen, mit TPS überspritzt (Quelle: Allod).

Die breite Modifizierbarkeit eines TPS-Compounds macht es möglich, sehr spezifisch auf die Anforderung des Marktes einzugehen und gezielt für den Anwender eine technische Lösung anzupassen. Dies geschieht durch eine Compoundierung von TPS mit anderen Komponenten in einem Doppelschnecken-Extruder zur Bereitstellung von gewünschten Eigenschaften. Wie bei allen TPE, ob Compoundierung oder Reaktion, bietet sich eine gleichsinnig drehende Doppelschnecke an. Dort ist es möglich, über beliebige Konfigurationen der Schnecke, des Füllgrades, der Scherung und vieles mehr, ein anforderungsgerechtes Material herzustellen. Eine typische Rezeptur ist in der folgenden Tab. 6.1 aufgeführt:

Tab. 6.1: typische Rezeptur eines TPS-SEBS Compounds der Härte 60–70 Shore A (Dynasol).

SEBS	25%
PP	10%
Öl	25%
Füllstoff	35%
Sonstiges	5%

Das Öl hat einerseits eine weichmachende Wirkung, doch erweist es sich in der Hauptsache als Verarbeitungshilfsmittel. Reine TPS sind nur mit sehr hohem Energieaufwand, also hoher Scherung aufzuschließen. Das wird deutlich vereinfacht durch die Zugabe des Polypropylens und des Öls. Der Füllstoff, häufig Calciumcarbonat, dient der besseren Handhabung und verringert auch den Schrumpf, bzw. die Schwindung, nach der Verarbeitung zum Fertigteil. Da der Compoundeur seine Mischung gemäß der Kundenanforderung spezifisch einstellt, baut er gleichzeitig den gewünschten Farbton mit ein. Der Verarbeiter braucht nur noch das eine Granulat zum fertigen Teil verarbeiten, ohne Weiteres zumischen zu müssen.

Das einfachste und preiswerteste TPS aus Styrol und Butadien (SBS), also eine nicht hydrierte Version, wird in reiner Form fast nur in der Modifizierung anderer Werkstoffe eingesetzt. Die größten Anwendungen sind der Zusatz im Asphalt zur Erhöhung der Dämpfung und zur Verringerung des Rollwiderstands, des Weiteren dünne Folien als Abdichtung für Babywindeln. Letzteres ist bekanntlich eine Kurzzeitanwendung. Für technische Anwendungen ist das SBS aus den genannten Gründen kaum geeignet.

6.2 Eigenschaften

Es wurde bereits erwähnt, dass die technische Verwendung der TPS nahezu nur als Compound meist mit PP und Öl erfolgt und die TPS meist in hydrierter Form eingesetzt werden. Das sind dann in der Hauptsache die SEBS und SEPS. Die Zusammensetzung der Mischung hat den größten Einfluss auf die Beständigkeit gegen Chemikalien. Sie wird häufig durch Polypropylen verbessert. Im Allgemeinen sind TPS Materialien widerstandsfähig gegen polare organische Flüssigkeiten und wässrige Medien (schwache Säuren oder Laugen). Dies gilt für füllstofffreie Compounds. Bei füllstoffhaltigen Produkten ist die Beständigkeit ebenso abhängig vom eingesetzten Füllstoff. Bezogen auf wässrige Medien sind sie gut geeignet, die Beständigkeit zu verbessern. Gegenüber unpolaren Medien zeigen TPS-Compounds ein erhöhtes Quellverhalten, einhergehend mit Einbußen in den mechanischen Eigenschaften. Zu einem Volumenverlust kann es im Kontakt mit organischen Lösemitteln, wie z. B. Iso-Propanol kommen. Mit zunehmender Temperatur sinkt die Widerstandsfähigkeit noch mehr.

TPS zeigen ihren elastomeren Charakter am besten im weicheren Bereich, solange die Hartsegmente zur dispersen Phase gehören (siehe Einführung Kap. 6). Die Härte des TPS Compounds wird zudem über das Verhältnis aus Polypropylen und Öl eingestellt, wobei die Flexibilität auch in der Kälte beibehalten wird. In der folgenden Darstellung der dynamisch mechanischen Analyse (Abb. 6.3) sind drei verschieden harte Compounds ausgesucht worden: Ein SEBS mit wenig PP und viel Öl (Shore 41A), einem mittleren PP- und Öl-Anteil (Shore 65A) und geringem Öl-Gehalt mit viel PP (Shore 91A), (Methodenbeschreibung siehe Kap. 11.3).

Es ist gut zu erkennen, dass der Anteil des Polypropylens den Modul anhebt und gleichzeitig die Wärmeformbeständigkeit leicht verbessert, also die Lage der Gebrauchstemperatur. Die Kurve knickt bei steigenden Temperaturen immer später ab, je höher die Härte des Produktes ist. Im ganzen Verlauf sieht man eine kontinuierlich fallende Kurve, die im Vergleich zum typischen Gummi nicht so eine ausgeprägte Glasübergangsstufe gleichzeitig mit einem flachen Plateau zeigt. Dies liegt wohl am steigenden Anteil des PP, wenn auch die amorphe Hartphase aus Styrolsegmenten sehr fein verteilt ist. So kann man bei steigender Temperatur mit kleinen morphologischen Änderungen des Compounds rechnen, doch sieht man bei den

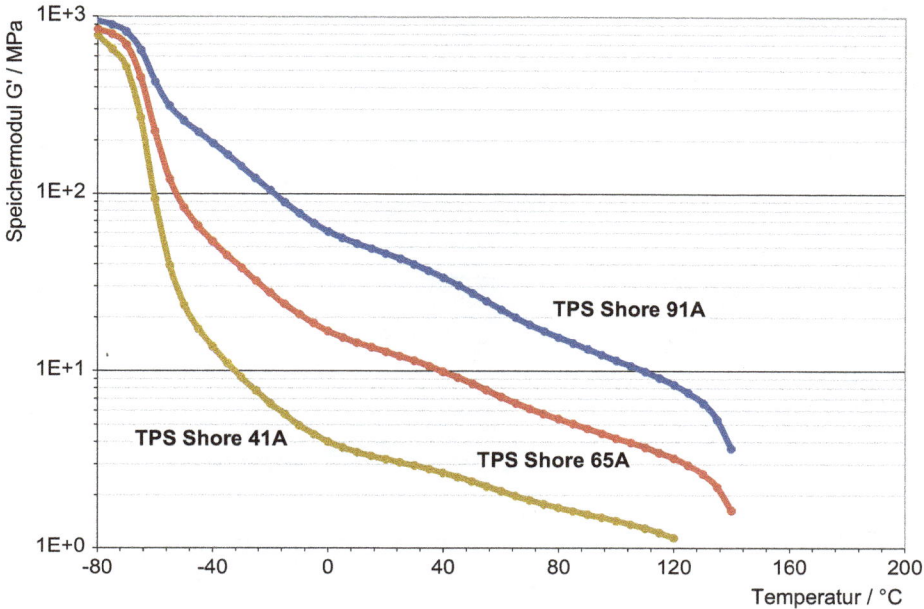

Abb 6.3: Dynamisch mechanische Analyse von TPS-Compounds der Allod (Shore 41A – 3s), (Shore 65A – 3s) und (Shore 91A – 3s), Messung in Torsion mit der Frequenz von 1Hz.

Gebrauchstemperaturen immer ein gutes mechanisches Niveau, das sich über den PP-Gehalt einstellen lässt. Der guten Flexibilität in der Kälte tut das keinen Abbruch. Zudem hat das Öl eine weichmachende Wirkung, weil es mit der flexiblen Weichsegmente verträglich ist. Damit erhöht es die Beweglichkeit der Ketten und senkt damit den Glasübergang zu niedrigeren Temperaturen. Man erkennt es gut an dem sehr ausgeprägten Glasübergang des weichen Musters. Insgesamt verdeutlichen die drei Beispiele die Vielfalt der TPS-Mischungen, wie sich der Compoundeur auf die Anforderung der Anwendung einstellen kann.

Wie im Kapitel der TPV beschrieben, lohnt sich ein Vergleich der DMA mit dem einer Gummi-Mischung. Das folgende Bild (Abb. 6.4) zeigt eine weiche TPS Type Shore 65A mit einer Gummi-Rezeptur auf Basis eines Ethylen-Propylen-Dien-Kautschuks (EPDM, 38% Ruß, 24,2% Öl, Schwefel-Vernetzung) der Härte Shore 63A. Der verwendete EPDM-Gummi stellt eine übliche Rezeptur für Dämpfungselemente dar.

Aus beiden Elastomeren werden unter anderem Dichtungen hergestellt und aus der DMA heraus erkennt man viele Überschneidungen mit dem EPDM-Gummi über den weiten Temperaturbereich hinweg. Bei höheren Temperaturen geht das TPS in die Schmelzphase über, wo das EPDM durch seine Vernetzung noch stabil erscheint. Das folgende Bild (Abb. 6.5) zeigt eine Dichtungsanwendung im Lebensmittelmarkt, wo es sich lohnt ein TPE einzusetzen, denn die Herstellung des fertigen Teils ist aus den TPE heraus wesentlich einfacher, schneller und kann vielfältig eingefärbt werden.

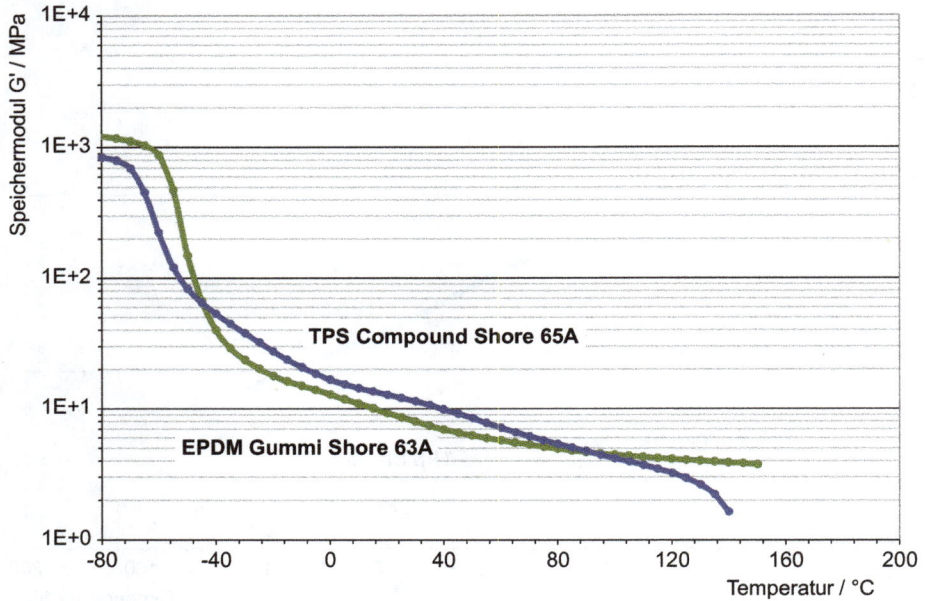

Abb. 6.4: Vergleich der Dynamisch mechanischen Analyse von einem TPS der Allod (Shore 65A – 3s) mit einer Gummi-Rezeptur aus Ethylen-Propylen-Dien-Kautschuk (Shore 63A – 3s), Messung in Torsion mit der Frequenz von 1Hz.

Abb. 6.5: Dichtring aus TPS für Bügelverschlüsse (Quelle: Allod).

Ein wesentliches Kriterium, um die Eignung als Dichtungsmaterial zu beurteilen, ist der Druckverformungsrest (siehe Kap. 11.2). TPS Mischungen können Werte von 20% bei Raumtemperatur und gar 30% bei 70°C erreichen. Mit speziellen Rezepturen sind sogar Beständigkeiten bis zu Temperaturen von 150°C möglich. Ein grober Blick in die mechanischen Eigenschaften der TPS zeigt im Zugversuch (DIN 53504, ISO 37, ASTM D 412) über eine Härtebereich Shore A0 bis 50D dieser Produktfamilie Werte von:

Zugfestigkeit   2–25MPa
Reißdehnung   200–1000%

Neben den Variationsmöglichkeiten der Compound-Rezeptur hat die Auswahl des TPS einen Einfluss auf die Materialeigenschaften. Mit höheren Molmassen der TPS im Zusammenspiel mit einem geeigneten PP- und Füllstoff-Anteil kann das Kriechverhalten soweit verringert werden, dass TPS auch als Dichtungsmaterial für höhere Ansprüche eingesetzt werden kann. Hinterlässt man bei der Hydrierung auch noch ungesättigte Bindungen in der Kette, kann eine nachträgliche Vernetzung zu höheren Wärmeformbeständigkeiten des Polymeren führen. Dazu gibt es allerdings nur Berichte, ohne dass Produkte im Markt sichtbar wären.

Kommen wir auch hier zu den elastischen Eigenschaften (Abb. 6.6), wiederum dargestellt über die Intermittierende Spannungs-Dehnungs-Messung (Methodenbeschreibung siehe Kap. 11.4).

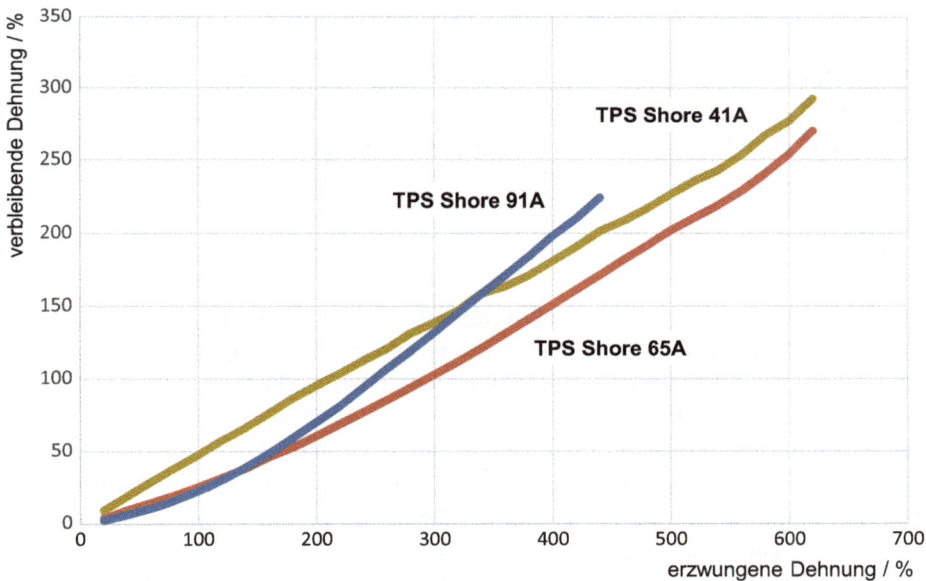

Abb. 6.6: Dehnungswerte aus der Intermittierenden Spannungs-Dehnungs-Messung von TPS-Compounds der Allod (Shore 41A – 3s), (Shore 65A – 3s) und (Shore 91A – 3s).

Durch das unterschiedliche Zusammenspiel aus thermoplastischem PP und dem Öl-Gehalt sind die Ergebnisse etwas divers, wobei die obige Auswahl zeigt, dass das elastische Verhalten unter zunehmender Dehnung weitgehend unberührt davon ist. Bei der weichen Probe erkennt man einen relativ linearen Anstieg der Verformung über der Dehnung, das für einen hohen Weichmachergehalt spricht. Beim härteren Typ bestimmt mehr der PP-Gehalt den stärkeren Anstieg der Kurve. Unter hoher Dehnung verliert die Phasenhaftung von PP und TPS an Festigkeit. Jedoch kann man auch hier den TPS Compounds eine gute Flexibilität bei kleinen Dehnungen zusprechen. In Erwartung, dass eine der Hauptanwendungen dieser Produktfamilie die Kombination mit harten Thermoplasten ist, wie im Zwei-Komponenten-Spritzguss, spielt die Weichheit eine große Rolle, sei es der angenehme Griff, die angespritzte Dichtung oder vieles mehr, anstatt einer guten Rückstellbarkeit bei hohen Dehnungen. Hier gelten vergleichbare Erklärungen wie wir im Kapitel über die TPV (Kap. 5) schon gesehen haben.

In der nicht hydrierten Form (SBS, SIS) finden sich nur spezifische, wenn auch große, Anwendungen im Markt. So wird das SBS, das Co-Polymer aus Styrol und Butadien, in der Hauptsache als Modifizierung für Asphalt eingesetzt, um ihn zäher und damit belastbarer zu machen. Gleichzeitig ist er geräuschärmer und erzeugt weniger Reifenabrieb als der klassische Asphalt. Eine andere Nutzung ist für preiswerte Schuhsohlen bekannt, wo es wenig auf die Lichtbeständigkeit des Materials ankommt. Eine weiterhin große Menge an SBS wird als Folie für Windeln eingesetzt, elastisch genug und sehr preiswert. SIS, das Co-Polymer aus Styrol und Isopren, wird häufig in der Klebstoffindustrie verwendet, und da sie niedrigviskos sind, liegen die mechanischen Eigenschaften auf schwächerem Niveau. Als technischer Werkstoff kommt die nicht-hydrierte Form kaum zu Zuge, weil die ungesättigte Kohlenstoffkette gegenüber den hydrierten Typen (SEBS, SEPS, s. o.) eine schlechte Witterungsbeständigkeit hat.

6.3 Verarbeitung

In Kapitel 5.3 findet sich eine Erklärung, weshalb der im Markt übliche Schmelzflussindex (MFR, MVR) für die Beschreibung des Fließverhaltens eines TPV wenig sinnvoll ist. Dazu dient vorzugsweise eine komplette Fließkurve aus Viskosität über der Schergeschwindigkeit (siehe Kapitel 11.7), aus denen ersichtlich ist, wie sich das Material unter gegebenen Bedingungen in der Verarbeitung verhält. Dabei gilt für die TPS, dass eine hohe Verarbeitungsstabilität gegeben ist, vergleichbar mit den TPV. Es kommt dazu, dass TPS eine hohe Scherung benötigen, um eine homogene Schmelze zu gewährleisten. Aus diesem Grund schon ist eine Beurteilung über den MFR sinnlos, weil dort die Scherungen viel zu niedrig sind und das TPS während der Messung die Morphologie verändert. Es ist unter den Messbedingungen nicht homogen aufgeschmolzen, und so finden unter Temperatur immer noch Umorientierungen in der Makrostruktur statt. Da TPS-Compounds sehr kundenspezifisch hergestellt werden und meist im Spritzguss zur Anwendung kommen, wird in der Regel die Fließwegspirale (siehe Kapitel 11.8) zur Beurteilung des Verarbeitungsverhaltens herangezogen. Dies ist sehr praxisnah und dient dem Verarbeiter als verlässliche Größe.

Bezogen auf technische Einsatzgebiete wird TPS meist im Spritzguss verarbeitet, sehr häufig im Mehrkomponenten-Verfahren. In dem Fall spielen neben den Fließeigenschaften noch das thermische Verhalten eine wesentliche Rolle, um das Verhalten in der Schmelze zu charakterisieren. Im folgenden Diagramm (Abb. 6.7) sind 3 TPS-Compounds in einer Dynamischen Differenz-Thermoanalyse (DSC) gezeigt. Der Verarbeiter hat die Möglichkeit, einen Hinweis auf das Aufschmelz- und Erstarrungsverhalten zu bekommen und kann daraus seine Einstellung auf der Spritzgießmaschine vornehmen (Methodenbeschreibung siehe Kap. 11.5).

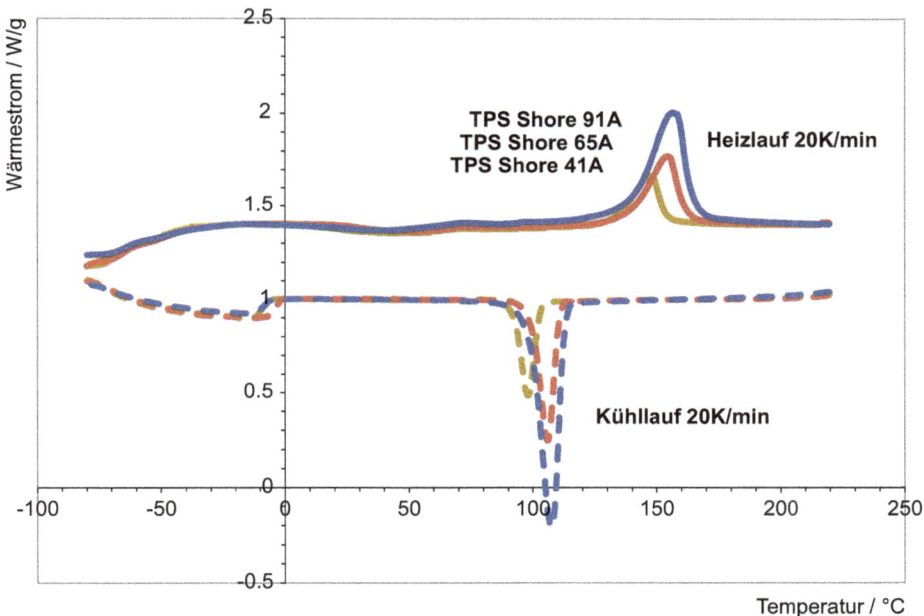

Abb. 6.7: Dynamische Differenz-Thermoanalyse von TPS-Compounds der Allod (Shore 41A – 3s), (Shore 65A – 3s) und (Shore 91A – 3s), Temperaturlauf mit 20K/min.

Die Styroleinheiten im Polymer haben einen weitgehend amorphen Charakter und erweichen über einen weiten Temperaturbereich. Das bedingt eine hochviskose Schmelze, die sich schwer verarbeiten lässt. Daher ist TPS in technischen Anwendungen immer ein Compound mit harten Thermoplasten, wie Polypropylen, und Weichmacher, was in der Regel Öle sind. Man erkennt an den drei Proben in der oberen Kurvenschar den Aufschmelzbereich der PP-Anteile, die von daher nah beieinander liegen. Die Fläche unter den Kurven wird vom Gehalt an PP bestimmt. Je härter der Compound umso höher der PP-Anteil und damit die Fläche unter der Kurve, die den Wärmeinhalt (Enthalpie) beim Aufschmelzen repräsentiert. Der Erweichungsbereich des TPS ist aus der Kurve kaum zu identifizieren, weil der energetische Effekt in der DSC viel zu gering ist. Die Rekristallisationstemperaturen, hier des PP, sind weitgehend gleich, nur dass die Probe mit dem größten Anteil an weichmachendem Öl etwas später fest wird. Die Peaks der Abkühlkurve sind recht schmal, was für ein schnelles Erstarren und eine gute Verarbeitbarkeit spricht.

7 TPU – Urethan basiertes TPE stellt sich vor

Das Thermoplastische Polyurethan ist ein mittelgroßer Spieler in der Gruppe der TPE (siehe Kap. 12 Nachwort). Auf dieses Material wird zugegriffen, wenn eine hohe Verschleißbeständigkeit gefordert ist, die Elastizität jedoch bleibt. Wie das möglich ist, wird in diesem Abschnitt beschrieben.

Es gibt kaum technische Marktbereiche in denen ein TPU nicht auftaucht. Eine Anwendung, die die Vielseitigkeit dieses Werkstoffes in geeigneter Weise beschreibt, ist die Ummantelung von Kabeln im Automobil zum Beispiel für elektronische Steuerungssysteme ABS oder ESP (Abb. 7.1). Diese Kabel sind vielen Einflüssen ausgesetzt, die von Temperaturbereichen bei -40°C bis hin zu 80°C gehen können, und dies bei trockener und feuchter Luft. Ablagerungen auf der Straße von Schmutz aller Art und Streusalz können das Material angreifen, genauso Öl und Benzin sowie alle möglichen mechanischen Einflüsse, die man sich bei einer Autofahrt vorstellen kann.

Abb. 7.1: Steuerkabel am Automobil aus TPU (Quelle: BASF).

Das Urethan bildet sich in einer einfachen schnellen Reaktion aus einem Isocyanat (NCO) und einem Alkohol (OH), ohne dass ein Nebenprodukt entsteht. Hat man am Ende seines Molekülbausteins jeweils eine entsprechende reaktive Gruppe, kommt es zu einer Polyadditions-Reaktion (Abb. 7.2). Insgesamt werden drei Komponenten zur Reaktion gebracht, sodass ein kurzkettiges Diol mit dem Di-Isocyanat die kristallisierende Hartphase bildet und das langkettige Diol mit dem Di-Isocyanat zur flexiblen Weichphase aufbaut.

https://doi.org/10.1515/9783110740066-007

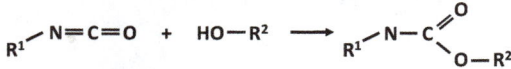

Abb. 7.2: Urethanreaktion.

Die Chemie der Segmente wird in der Nomenklatur nach der bereits erwähnten DIN EN ISO 18064 benannt:

TPU-ARES	Aromatisches Polyester-Urethan
TPU-ARET	Aromatisches Polyether-Urethan
TPU-AREE	Aromatisches Polyester-ether-Urethan
TPU-ARCE	Aromatisches Polycarbonat-Urethan
TPU-ALES	Aliphatisches Polyester-Urethan
TPU-ALET	Aliphatisches Polyether-Urethan

7.1 Herstellverfahren

Allgemein lässt sich die Struktur des TPU in folgender Weise beschreiben (Abb. 7.3).

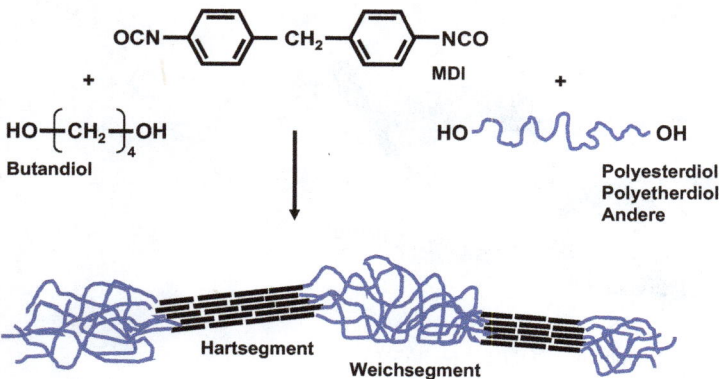

Abb. 7.3: Bildungsreaktion zum TPU.

Im Bild ist beispielhaft die Reaktion von Methylen-diphenyl-diisocyanates (MDI) mit dem Butandiol als kurzkettigen und der Polymerdiolen als langkettigen Alkohol dargestellt. Die Einsatzstoffe werden in flüssiger Form zusammengebracht und unter intensivem Rühren vermischt. Am Anstieg der Reaktionstemperatur erkennt man den spontanen Beginn der Reaktion. Das Isocyanat mit dem kurzkettigen Diol bildet das kristallisierende Hartsegment aus, mit dem langkettigen Diol das flexible Weichsegment. Die Polyaddition läuft asymptotisch gegen 100% Umsatz und benötigt je nach Rezeptur und Nachbehandlung wenige Stunden bis zu mehreren Tagen bei sehr weichen Einstellungen. Das Reaktionsprodukt muss allerdings in weniger als einer Minute so fest sein, dass es granuliert, getrocknet und gelagert werden kann. Das geschieht in verschiedener Weise.

Zur Herstellung von kleineren Mengen bietet sich das diskontinuierliche Gieß-Verfahren an, bei dem die Rohstoffe im flüssigen Zustand, d. h. bei erhöhter Temperatur, intensiv vermischt und nach dem Anreagieren auf einen heißen Gießtisch gegossen werden. Dort belässt man das Material, bis kein Temperaturanstieg in der Mischung mehr stattfindet. Die Aushärtung erfolgt in einem Temperofen bis das TPU schnittfest ist und vermahlen werden kann. Optional kann das Mahlgut in einem Extruder umgeformt werden, um gleichmäßige und homogene Granulate zu erhalten.

In der großtechnischen, kontinuierlichen Herstellung sind zwei Verfahren etabliert. Einerseits geschieht die Reaktion in einem beheizten Tunnel, der sogenannten Bandanlage (Abb. 7.4). Die Reaktanten werden in einem Mischtopf vorgemischt und frei auf ein beheiztes, laufendes Band ausgegossen. Am Ende muss die TPU Schwarte gekühlt werden, damit die Granulierung des noch unvollständigen Polymers möglich ist.

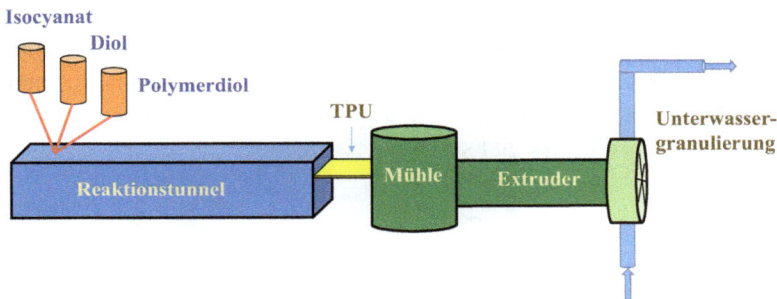

Abb. 7.4: Bandverfahren zur TPU Synthese.

Aus dem entstehenden Material lassen sich kontinuierlich Würfel schneiden, wobei ein weiterer Umformungsschritt auf einem Extruder möglich ist, um eine leichter rieselnde Granulatform zu erhalten. Das geschieht in einem separaten Schritt oder direkt nach der Synthese wie im gezeigten Bild, wo die Schwarte nach einer Kühlzone direkt in ein Mahlwerk eingeführt wird und die Schnitzel in einem angekoppelten Extruder aufgeschmolzen werden können. Im Falle von TPU bietet sich eine Unterwassergranulierung zur Herstellung in Linsenform an.

Die jüngere Methode ermöglicht die Polyaddition auf einem Doppelschnecken-Extruder, weil er flüssige Stoffe sehr gut vermischen kann, und das während des ganzen Reaktionsschrittes. Da die Polymersynthese im Extruder stattfindet, spricht man von einer Reaktionsextrusion (Abb. 7.5). Wir kennen den Ausdruck von den

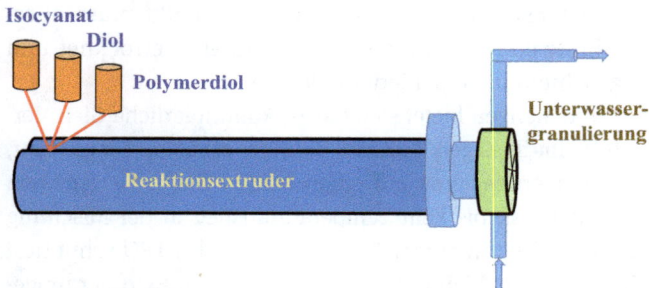

Abb. 7.5: Extruderverfahren zur TPU Synthese.

TPV (siehe Kap. 5.1), nur dass dort eine Vernetzung der Kautschukpartikel vorgenommen wird und keine Polymersynthese.

Am Ende des Verfahrensteiles ist die Schmelze hochviskos genug, dass das Material ebenfalls in einer Unterwassergranulierung zu Linsen geformt werden kann. Beide Verfahren haben ihre Berechtigung, speziell wenn man TPU in unterschiedlich kristalliner Form herstellen möchte. Es ist gut vorstellbar, dass sich in einem Rührreaktor wie dem Reaktionsextruder sehr transparente Produkte synthetisieren lassen, auf der Bandstraße eher kristalline. Da die Rohstoffe nicht gut miteinander mischbar sind, kommt es dort leichter zu kristallinen Überstrukturen, wenn während des Molmassenaufbaus nicht mehr gerührt wird, wie dagegen im Extruder-Verfahren.

7.2 Eigenschaften

Betrachtet man die wesentlichen Vertreter der TPU, so unterscheidet man einerseits die Polyester- und Polyether-basierten, bezogen auf die flexiblen Segmente und andererseits die aromatischen und aliphatischen TPU, bezogen auf die teilkristallisierenden Hartsegmente. Die entsprechenden Bezeichnungen in der DIN EN ISO 18064 wurden bereits erwähnt. Nun wird eine etwas ausführliche Beschreibung der Weichsegmente vorgenommen. Das führt daher, dass in den folgenden Kapiteln zu TPC (Kap. 8) und TPA (Kap. 9) dieselben Kriterien gelten, denn dort werden die gleichen Rohstoffe als Weichsegment verwendet.

Beginnend mit der flexiblen Weichphase erkennt man die wesentlichen Unterschiede in den Beständigkeiten der resultierenden TPU. Ein Polyester wird aus Alkohol und Säure synthetisiert, wobei der entsprechende Ester und Wasser entstehen. Genauso setzt sich der bestehende Ester mit Wasser wieder in die Ausgangskomponenten um, was ein Bruch in der Polymerkette und ein Einbrechen der mechanischen Eigenschaften bedeutet (Hydrolyse). Diese Reaktion wird von Säure katalysiert, das heißt es ist ein autokatalytischer Prozess durch die entstehende Säure. Daher werden Additive eingesetzt, die die bestehenden Reste von Säure binden, um die Hydrolyse-

Reaktion hinauszuzögern. Das führt dazu, dass Polyester-basierte TPU bei Gebrauchstemperatur viele Jahre unbeschadet überstehen.

Bei Anwendungen in feuchter, warmer Umgebung empfiehlt es sich auf ein Poly-
ether-basiertes TPU zurückzugreifen, das grundsätzlich gegen Hydrolyse und Befall
von Mikroben stabil ist. Stabilisiert werden muss es gegen den Angriff von Sauerstoff,
der eine Ether-Verbindung angreift. Das entstehende Reaktionsprodukt im Polymer
(ein Peroxid) ist nicht stabil und es kommt zum Kettenbruch. Stabilisiert sind die
Ether-TPU für Langzeit-Anwendungen im Außenbereich gut einsetzbar.

Die folgenden Diagramme zeigen die Ergebnisse einer Langzeitstudie, wo Polyes-
ter- und Polyether-basierte TPU sowohl der Hydrolyse als auch der Luftalterung bei
unterschiedlichen Temperaturen ausgesetzt wurden (Abb. 7.6 und 7.7). Die Arrhenius
Auftragung ist nach dem Endwert-Kriterium aus der Zugfestigkeit von 20MPa der Proben gewählt worden. Das heißt, die TPU-Proben sind den gewählten Bedingungen ausgesetzt und nach gewissen Zeiträumen deren Zugfestigkeit gemessen worden. Wenn
eine Reduktion auf den Wert von 20MPa erfolgt ist, wird der erreichte Zeitraum als
Ende guter Eigenschaften gesetzt. Die Auftragung des Logarithmus der Lagerungszei-
ten über die verschiedenen reziproken Temperaturen führen zu linearen Kurven, aus
denen sich durch Extrapolation die Beständigkeiten der TPU ermitteln lassen.

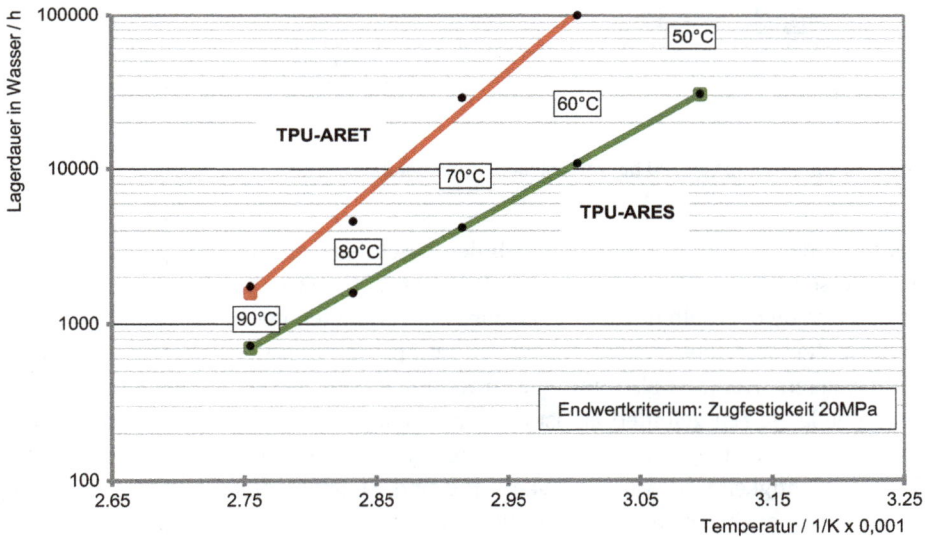

Abb. 7.6: Wasserlagerung von TPU bei verschiedenen Temperaturen.

Man erkennt an der oberen Gerade, dass das TPU mit dem Polyether-Weichsegment
deutlich über der Gerade des Polyester-basierten liegt. Das entspricht der oben
erklärten guten Beständigkeit gegen Hydrolyse der Polyether. Wenn man weiter

zu niedrigeren Temperaturen extrapoliert, hat das TPU-ARET eine sehr lange Lebensauer in Wasser. Mit steigender Temperatur laufen die Graphen immer näher zusammen, sodass die Unterschiede von Ether und Ester oberhalb von 90°C zusammenschmelzen. Das liegt an dem Sauerstoff, der in Wasser gelöst ist und zu einem oxidativen Abbau führt, wie oben beschrieben. Je höher die Temperatur, desto schneller der Abfall der mechanischen Eigenschaften. Diese Entwicklung ist in der Abb. 7.7 dargestellt.

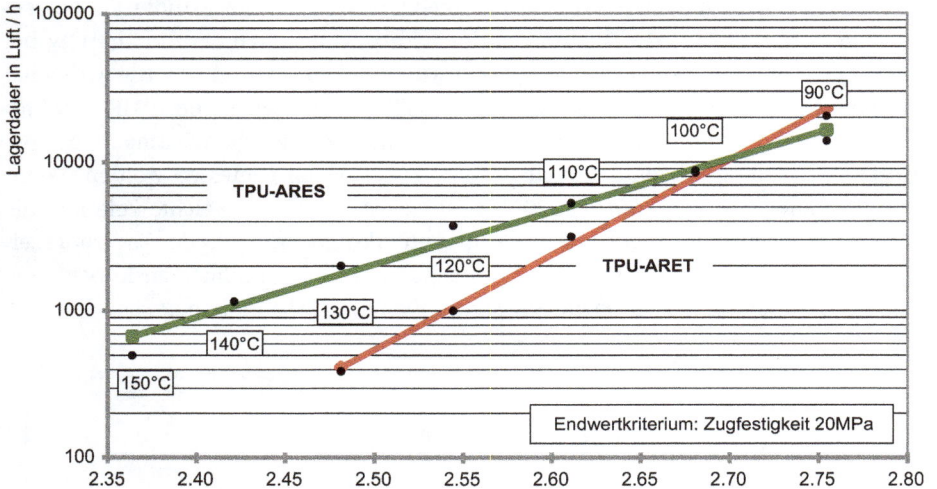

Abb. 7.7: Luftalterung von TPU bei verschiedenen Temperaturen.

Aufgrund der längeren Lagerdauer nach den beschriebenen Kriterien (20MPa) in Luft bei unterschiedlichen Temperaturen des Polyester-TPU gegenüber dem Polyether, liegt dessen Gerade oberhalb davon. Die beiden Geraden laufen bei 100°C zusammen, weil in der Luftatmosphäre immer Feuchtigkeit im Spiel ist und der Polyester beginnt zu hydrolysieren. Wenn es also um eine Anwendung geht, wo die Temperaturstabilität über eine lange Zeit gefordert ist, ist das mit einem TPU-ARES eher zu erreichen. Man muss sich darüber im Klaren sein, dass bei Außenanwendungen immer beide Einflüsse, Feuchtigkeit und Wärme, gegenwärtig sind. So ist die Auswahl immer ein Kompromiss, wie auch die Abb. 7.7 zeigt. Sodann ist ein TPU-ARET immer der stabilere Partner in feuchter Umgebung.

Wie schon gesagt, ist es immer abhängig von den zu erwartenden Bedingungen in der Anwendung, wieweit ein TPU eingesetzt werden kann. Die jeweiligen Stabilisierungen unterstützen die Lebensdauer erheblich, was für alle Kunststoffe zutrifft.

Kommen wir zu den Hartsegmenten im TPU. Mit der zum Teil kristallisierenden harten Phase aus einem Diisocyanat und kurzkettigen Diol (Kap. 7.1) sprechen wir von zwei Gruppen, die sich auf das eingesetzte Isocyanat beziehen. Das sind die aromatischen (also Benzolring-enthaltende) und aliphatischen TPU, die in der Nomenklatur der DIN EN ISO 18064 mit AR oder AL bezeichnet werden. Typische Vertreter der Isocyanate sind das aromatische Methylen-diphenyl-diisocyanates (MDI) und das aliphatische Hexamethylen-diisocyanat (HDI), das ganz linear aufgebaut ist.

Wo liegen die relevanten Unterschiede zwischen den aromatischen und aliphatischen TPU? Die kristallinen Segmente auf Basis MDI und Butandiol bildet eine sehr stabile Struktur, die dem TPU eine hohe mechanische Festigkeit geben. Die flachen aromatischen Ringe lagern sich sehr gut aneinander und durch Wasserstoffbrücken-Bindungen wird ein zusätzlicher Halt gegeben. Allerdings sind aromatische Ringe normalerweise empfindlicher gegen UV-Licht. Wird das MDI dem UV-Licht ausgesetzt, bildet sich eine farbige Struktur, die jedoch nicht zur Zerstörung führt. Aromatische TPU verfärben im UV-Licht, behalten aber ihre mechanische Festigkeit. Anders bei den aliphatischen Gruppen, die unter UV-Licht nicht verfärben, jedoch gegen Zerstörung stabilisiert werden müssen. Die hohe Verfärbungsstabilität wird besonders im Automobil-Innenraum herangezogen, damit über lange Zeit das Ambiente erhalten bleibt. Als Beispiel (Abb. 7.8) sei die Oberfläche eines inneren Türgriffes gezeigt, wo eine TPU-Schicht im Zwei-Komponenten-Spritzguss auf ein Teil aus glasfaserverstärktem PC/ABS (Polycarbonat/Acrylnitril-Butadien-Styrol-Copolymer) appliziert ist.

Abb. 7.8: Türgriff auf PC/ABS und TPU als Oberfläche (Quelle: BASF).

Neben der einfachen Herstellung im Vergleich zum mehrschichtigen Lackauftrag kommt noch eine Eigenschaft dieses Werkstoffes zu Geltung, das ist die angenehme Haptik. Ein schönes Griff-Gefühl ist zwar subjektiv, doch spielt dieser Faktor bei TPU-Anwendungen eine wichtige Rolle. Zudem ist das TPU stabil gegen Hautcreme und Schweiß. Bei Langzeit-Anwendungen im Außenbereich wird man an aliphatischem TPU nicht vorbeikommen, wenn das Material ständig dem Licht ausgesetzt ist und keine Verfärbung eintreten darf.

Die hohe Verschleißfestigkeit des TPU wird noch durch einen weiteren Aspekt unterstützt. Es wurde beschrieben, dass Isocyanate mit den alkoholischen Gruppen schnell reagieren. Desgleich können sie auch mit bereits gebildeten Urethanen eine Verbindung eingehen, die man Allophanat nennt. Dies ist eine Vernetzung im Polymergefüge, die der Festigkeit dient, wobei unter Verarbeitungstemperaturen des TPU diese Verknüpfungen wieder aufgehen, also reversibel sind. Ausgenutzt wird die Festigkeit unter hoher Elastizität häufig im Maschinenbau. Die Abb. 7.9 zeigt pneumatische Schläuche, die den geforderten Berstdruck aushalten, trotzdem nicht sofort beim Biegen einknicken und sich maßhaltig zu einem Schlauch verarbeiten lassen.

Abb. 7.9: Druckluftschläuche aus TPU (Quelle: BASF).

Alle TPE finden ihre Anwendung in Schläuchen jedweder Art, wenn Flexibilität gefragt ist. Von daher stehen gerade in diesem Markt für nahezu alle Ansprüche Thermoplastische Elastomere zur Verfügung, in der Technik, Förderung, Medizin als auch im Bereich Lebensmittel.

Wesentliche mechanische Eigenschaften der TPU sind Werte aus dem Zugversuch (DIN 53504, ISO 37, ASTM D 412) und der Abriebprüfung (DIN ISO 4649, ASTM D 5963), welche das Zusammenspiel aus Elastizität und Festigkeit widerspiegeln.

Über weitgehend das gesamte Produktportfolio betrachtet liegen die ungefüllten TPU im Härtebereich Shore 50A bis über 80D bei Größen von:

Zugfestigkeit	10–60MPa
Reißdehnung	100–1000%
Abrieb	20–100mm³

Abseits der mechanischen Eigenschaften lässt sich der Charakter der Hartsegmente des TPU nur ansatzweise beschreiben. Gern wird die differenzielle Thermoanalyse (DSC) herangezogen, weil sie die thermischen Übergänge eines Materials sehr akkurat identifiziert. Im Falle des TPU muss man sich allerdings gewahr sein, dass sich die Morphologie der Hartsegmente während des Messlaufes ändert. Man findet auf dem resultierenden Spektrum ein anderes Material als zuvor. Daher ist diese Methode für das TPU nur sehr beschränkt einsetzbar. Gern wird der zweite Heizlauf aus der Messung herangezogen, um Proben miteinander vergleichen zu können, doch dann hat die jeweilige Probe bereits eine thermische Historie.

Um das Portfolio zu erweitern, sind häufig Additive von Nöten. Sehr weiche Einstellungen mit Shore-Härten unter 60A enthalten gewöhnlich Weichmacher, weil diese niedrigen Härten aus der reinen Rezeptur heraus zu sehr klebrigen Produkten führen. Um andererseits hohe E-Moduli von bis zu 10000MPa zu erreichen, werden Verstärkungsfaser per Extrusion in das TPU eingearbeitet, wie Glas, Carbon oder mineralische.

Nun wird die Dynamisch Mechanische Analyse (Methodenbeschreibung siehe Kap. 11.3) von TPU zu Rate gezogen, um das Verhalten über die Temperatur zu beschreiben. Man erkennt in Abb. 7.10 wie sich eine TPU-Rezeptur mit zunehmender Härte vom weichelastischen Material, ähnlich dem eines Gummi, in Richtung eines harten Thermoplasten bewegt, wobei harte TPU immer noch elastischen Charakter zeigen. Letzteres ergibt sich aus mechanischen Messungen in der Kälte, wo solch ein TPU immer noch duktil ist. Ein deutlicher Glasübergang ist allerdings für das harte TPU aus der DMA-Kurve kaum zu ermitteln.

Der linke Teil der DMA-Kurve gibt einen Hinweis auf das Verhalten in der Kälte. Gerade die weichen Typen zeigen einen deutlichen Glasübergang und später ein ausgeprägtes Plateau, wie man es von Gummi-Elastomeren kennt. Dies gepaart mit der Verschleißfestigkeit des TPU erklärt den Einsatz des Materials z.B. im Schuh, sei es der Sport-, Sicherheits- oder Straßenschuh. Das Abknicken der Kurve im rechten Diagrammfeld zeigt, wo die Gebrauchstemperaturen für das Material zum Ende gehen. Hilfreiche Informationen zu Einsatztemperaturen im Praxistest liefern Werte aus Druckverformungsresten (siehe Kapitel 11.2). Es wurde bereits erwähnt, dass die TPE im Vergleich zu einem vernetzten Gummi unter Belastung und Temperatur deutlich eher kriechen. Daher bieten diese Messwerte ein gutes Maß für eine Einschätzung der Gebrauchstemperatur, wenn nach einer Substitution eines Gummi-Elastomer durch ein TPE gesucht wird. Aromatische TPU mittlerer Härte zeigen Druckverformungen bei Raumtemperatur um 20%, bei 70°C um 50%. Spezielle Re-

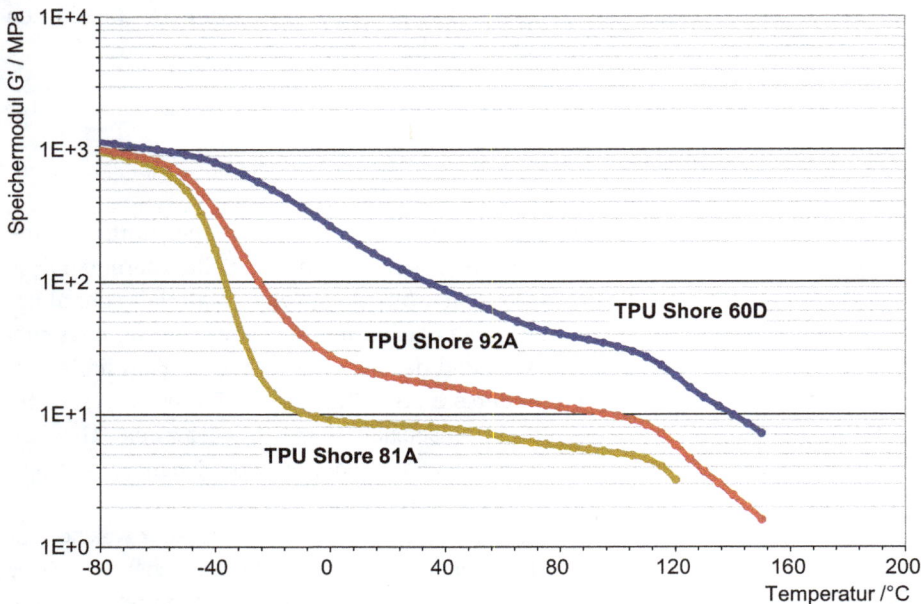

Abb. 7.10: Dynamisch mechanische Analyse von TPU-ARET der BASF (Shore 81A – 3s), (Shore 92A – 3s) und (Shore 60D – 3s), Messung in Torsion mit der Frequenz von 1Hz.

zepturen erreichen gar 30% bei 70°C und 50% bei 100°C, wo die üblichen Typen nicht mehr sinnvoll messbar sind.

Thermoplastische Polyurethane haben in der Regel einen polaren Charakter, sodass sie weniger kompatibel zu Fetten und Ölen sind. Das bewirkt eine gute Beständigkeit gegen diese Medien. Kritischer sind allerdings diese Mittel aus nachwachsenden Rohstoffen, weil sie häufig sehr säurehaltig sind und die Beständigkeit der TPU gegen Säure- oder Laugen-haltige Medien ist eher schwach.

Hohe Elastizität gepaart mit guten Festigkeiten wurden beim TPU bereits erwähnt. In der Einleitung wurde die Intermittierende Spannungs-Dehnungs-Messung (Methodenbeschreibung siehe Kap. 11.4) zur Beurteilung des elastischen Verhaltens vorgestellt und so wird ein Beispiel verschieden harter TPU gezeigt (Abb. 7.11).

Je weicher das TPU ist, umso später beginnt ein höherer Grad der Verformung, besonders der weiche Typ hat bis zu Dehnungen über 100% noch immer einen flachen Verlauf der bleibenden Dehnung, was für eine gute Elastizität spricht, ohne dass der zuvor beschriebene Mullins-Effekt zum Tragen kommt. Mit steigendem Anteil an Hartphase nimmt die Dehnbarkeit ab und der Verformungsgrad deutlich zu. In der Praxis wird das keine Rolle spielen, zumal weiches TPU gute Festigkeiten hat und dem gummielastischen Verhalten sehr nahekommt. Zu Beginn des Buches wurde beim Vergleich der TPE zu Gummi-Mischungen bereits das TPU herangezogen (siehe Kap. 3), sodass sich hier weitere Ausführungen erübrigen.

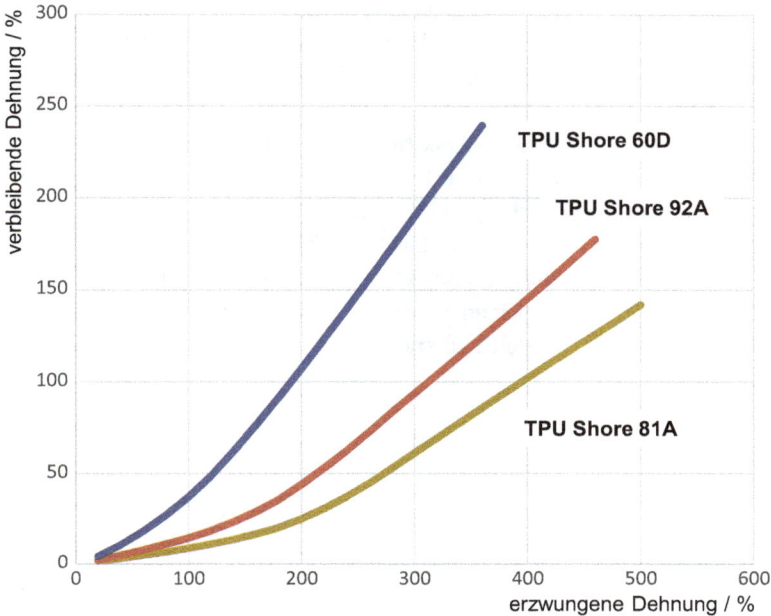

Abb. 7.11: Dehnungswerte aus der Intermittierenden Spannungs-Dehnungs-Messung von TPU-ARET der BASF, (Shore 81A – 3s), (Shore 92A – 3s) und (Shore 60D – 3s).

7.3 Verarbeitung

Das Thermoplastische Polyurethan ist das empfindlichste unter den TPE, wenn man in die Verarbeitung der Granulate geht. Zu dem Aufschmelzen des Polymers gesellt sich der Abbau der Kette, da die Urethanbindung in die Rückreaktion geht. Die Addition aus Isocyanat und Alkohol ist eine Gleichgewichtsreaktion, die bei Erreichen der Spaltungstemperatur in die Ausgangsprodukte zurückgeht. Das entwickelt sich zwar nicht bis zu den Monomeren, doch soweit, dass das Fließverhalten beeinflusst wird. Das beginnt bereits bei den üblichen Verarbeitungsbedingungen in der Extrusion, doch besonders im Spritzguss, weil die Schergeschwindigkeiten höher sind. Direkt nach der Verarbeitung reagieren freie Endgruppen aus Isocyanat mit den Alkoholenden und die Polymerkette wird wieder aufgebaut. Daher ist bei den TPU immer darauf zu achten, dass die Scherung in der Schmelze nicht zu streng ist, also die Steigung der Schnecke nicht zu stark ist. Die Fließwege der Schmelze müssen offen sein und es dürfen keine Totzonen in der Maschine zu finden sein. Scherungen in der Extrusion kommen meist durch die Konfiguration der Schnecken. So sind im Doppelschnecken-Extruder Rückförderelemente zu vermeiden, da sie sehr viel Schärfe in die Schmelze bringen. Ebenso ist ein sehr konstantes Temperaturprofil während eines

Laufes einzuhalten. All das bewirkt im Vergleich zu anderen Polymerwerkstoffen ein schmaleres Verarbeitungsfenster, sodass die thermoplastische Verarbeitung von TPU gelernt werden muss. In jedem Fall empfiehlt es sich, die Vorschläge des Herstellers zu befolgen.

In dem Bild (Abb. 7.12) sind Viskositätskurven dargestellt, die in einem Hoch-druck-Kapillarviskosimeter (HKV, siehe Kapitel 11.7) erzeugt wurden. Aus der ermittelten Schmelzviskosität über die Schergeschwindigkeit bei drei Temperaturstufen, erkennt man die deutlichen Unterschiede der Lage der Viskositäten selbst bei Temperaturschritten von 10°C. Das bedeutet, bei der Verarbeitung muss auf eine konstante Temperatur geachtet werden, um ein gleichmäßiges Fließverhalten zu erhalten, denn das Verarbeitungsfenster ist klein im Vergleich zu anderen thermoplastischen Materialien.

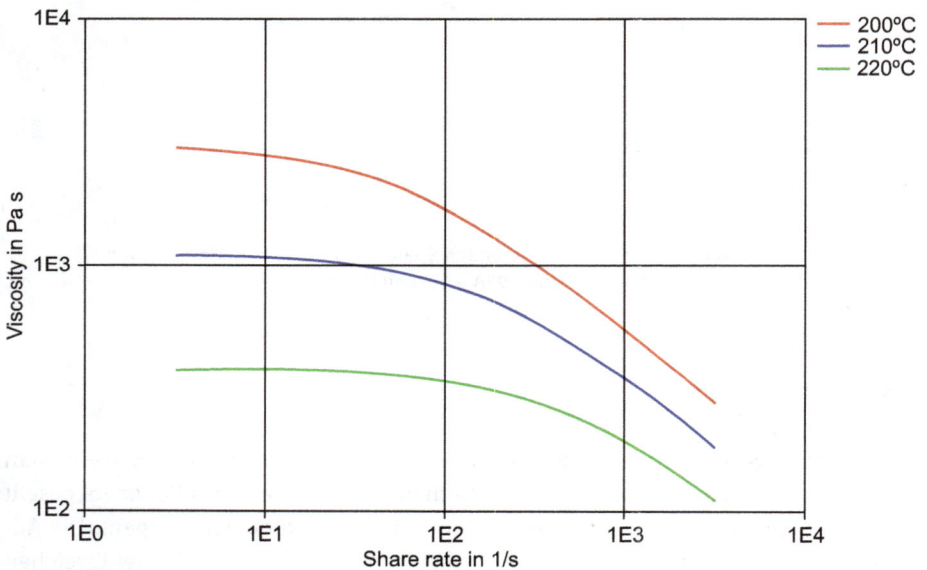

Abb 7.12: Viskosität über Schergeschwindigkeit gemessen im Hochdruck-Kapillarviskosimeter von TPU-ARET der BASF (Shore 97A – 3s), entnommen aus Campus Plastics Datenbank.

An dieser Stelle sei kurz erwähnt, dass die Kunststoff-Datenbank „Campus" eine Vielzahl von Daten und Diagrammen enthält, die die Produktauswahl für den An-wender erleichtern soll. Klassisch sind die technischen Thermoplasten vertreten, doch kommen immer mehr Thermoplastische Elastomer dazu.

Der beschriebene Umstand des Abbaus während der Verarbeitung macht es besonders wichtig, das TPU vor der Verarbeitung gut zu trocknen. Die Hersteller empfehlen, einen Wassergehalt von ca. 0,01–0,02% einzuhalten. Wenn bei der Rückre-aktion in der Schmelze die reaktiven Kettenenden aus Isocyanate entstehen, wird in Gegenwart von Wasser der Kettenaufbau unterbrochen, weil das Wasser ebenso mit dem Isocyanat in Reaktion tritt wie die alkoholischen Enden der anderen Baugruppen. Die erforderliche Molmasse wird nicht mehr erreicht und die mechanischen Eigenschaften sind am Ende sehr schwach.

Ungeachtet dessen sind die Verarbeiter darauf eingestellt, weil sie sonst nicht das gewünschte Eigenschaftsprofil des TPU erhalten. Sonst wäre es nicht möglich in beachtlichen Mengen das Material zu Kabelummantelungen, Schläuchen und Folien unter angemessenen Ausstößen zu verarbeiten und die Produkte zu verkaufen.

Gerade für Anwendungen in der Extrusion wird bei den TPU der Schmelzflussindex (MFR) gefragt (siehe Kap. 11.6), weil auch hier viele Kunden aus dem Markt von PVC oder den Polyolefinen kommen, für die der MFR entwickelt wurde. Mehr als eine Idee, ob eine Probe leicht oder schwerer fließend ist, lässt sich aus dem MFR jedoch nicht ablesen. Für größere Märkte genügt es jedoch, immer im gleichen Fließbereich zu liefern, sodass der Kunde seine Maschinenparameter beibehalten kann. Dafür ist die Spezifikation eines MFR-Bereichs durchaus ausreichend.

Es wurde bereits erwähnt, dass es bei TPU nicht üblich ist, eine Thermoanalyse (DSC) als Verarbeitungskriterium heranzuziehen, weil die Aussage nicht zuverlässig ist. Das TPU verändert seine Morphologie während der Messung und macht die Aussage aus einer Aufschmelzkurve hinfällig. Lediglich die Rekristallisation aus der Abkühlkurve gibt einen Hinweis auf das Erstarrungsverhalten, doch ist hier die Aussagekraft nicht so entscheidend, wie die Kenntnis der Verarbeitbarkeit und die Wahl der Maschinenparameter.

8 TPC – Ester basiertes TPE stellt sich vor

Eine Spezialität unter den TPE bildet die Gruppe der Thermoplastischen Co-Polyester-Elastomeren, die besonders wegen ihrer hohen Temperaturbeständigkeit und guten Verarbeitbarkeit im technischen Bereich zu Einsatz kommen. Gern wird die hohe Lebensdauer des Materials vom Automobilhersteller im Motorraum genutzt. Eine weniger sichtbare, doch große Anwendung sind die Folien, vorzugsweise an Textilen für Jacken gegen die Einflüsse der Witterung (Abb. 8.1) und für sterile Kleidung im medizinischen Bereich. Eine gute Haltbarkeit und Verarbeitungsfähigkeit macht die dargestellten Anwendungen möglich, denn dünne Folien aus TPC sind wasserdicht und atmungsaktiv.

Abb. 8.1: wasserdichte Kleidung mit atmungsaktiver Folie (Quelle: Getty Images).

Die kristallisierende Hartphase ist ein thermoplastischer Polyester, meist PBT (Poly-Butylen-Terephthalat). Das heißt das Hartsegment besteht aus aromatischen Strukturen, die eine sehr stabile Morphologie ausbilden. Die flexiblen Weichsegmente sind vergleichbar mit denen der TPU (Kap. 7), das heißt Polyetherdiole oder Polyesterdiole werden meist durch Polytetrahydrofuran oder Polycaprolacton repräsentiert, zum Teil auch durch Polycarbonatdiolen. Entsprechend werden die Materialien in der DIN EN ISO 18064 folgendermaßen bezeichnet:

https://doi.org/10.1515/9783110740066-008

TPC-ES   mit Polyester-Weichsegment
TPC-ET   mit Polyether-Weichsegment
TPC-EE   mit Polyether-ester-Weichsegment

Ebenso wie beim TPU würde eine weitere Differenzierung für die vorhandenen
Weichsegmente sinnvoll erscheinen, wie es bisher in der vorhandenen Norm nicht
der Fall ist z.B. ein Weichsegment aus Polycarbonatdiol.

TPC-CE   mit Polycarbonat-Weichsegment

8.1 Herstellverfahren

Die Polymerreaktion ist häufig eine Polykondensation aus Terephthalsäure und Butandiol zu einem PBT-Block und der anschließenden Kondensation mit einem Polymerdiol zur Ausbildung der Weichsegmente unter Abspaltung von Wasser (Abb. 8.2).
Bei der sensiblen Steuerung in zwei Schritten ist darauf zu achten, dass es während
des Molmassenaufbaus möglichst nicht zu Umesterungsreaktionen kommt. So kann
eine ausgeprägte Blockstruktur aus stabilem PBT und einem elastischen Polymer
erhalten werden. Die hohe Kristallisationsneigung des PBT ermöglicht eine gute
Phasenseparation, die für gute mechanische Eigenschaften hilfreich ist.

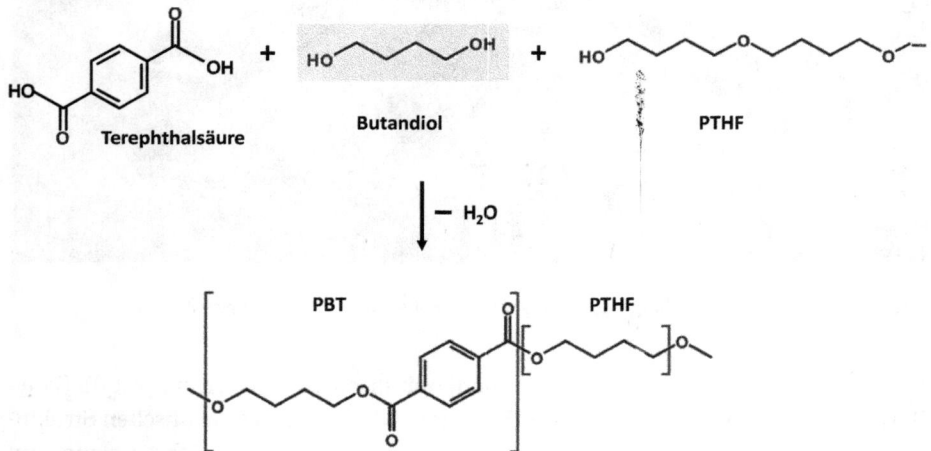

Abb. 8.2: Polykondensationsreaktion von Terephthalsäure mit Butandiol und Polytetrahydrofuran
(PTHF).

Wie in der Reaktionsgleichung beschrieben entsteht ein Polyester mit einem Hartsegment bestehend aus aromatischer Säure mit Butandiol und einem Weichsegment aus polymerem Diol mit der gleichen Säure. Im Vergleich zu dem in Kapitel 7 beschriebenen TPU bestimmt auch hier das Verhältnis aus Hart- und Weichsegment die Härte bzw. den Modul des Materials. Die kontinuierliche Herstellung erfolgt in einer Kesselkaskade (Abb. 8.3), sodass die beiden Reaktionsschritte über die Temperatur gezielt kontrolliert werden können. Das fertige Co-Polymer wird als Schmelze in einen Extruder überführt, der über eine Strang- oder Unterwasser-Granulierung ein rieselfähiges Granulat aus dem Produkt erzeugt.

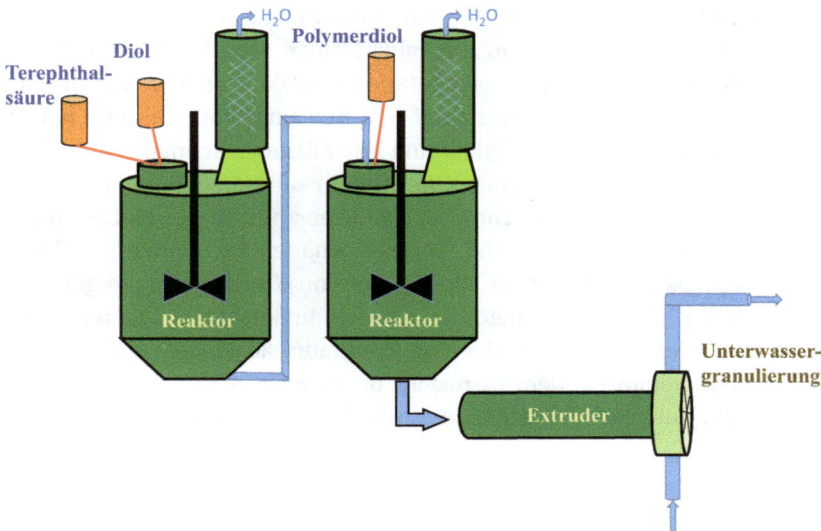

Abb. 8.3: Herstellung von TPC im Kesselverfahren.

Zum Teil findet die Herstellung noch über eine Umesterung aus Di-Methyl-Terephthalat (DMT) und Butandiol unter Bildung von Methanol zum PBT statt, sodass anschließend in einer Polykondensation das Weichsegment aufgebaut wird. Das hat verfahrenstechnische Gründe. In der Vergangenheit war die Säure problematisch in der Handhabung und deren Aufreinigung, verglichen mit DMT. Mit der Entwicklung einer geeigneten Katalyse wird das mittlerweile beherrscht. So ist man vom anfallenden Methanol befreit und kann den Prozess preiswerter und umweltfreundlicher gestalten. Ungeachtet dessen wird weiterhin an kontinuierlichen Verfahren im Extruder gearbeitet.

8.2 Eigenschaften

Der Anteil an Hartsegment bestimmt den Modul und das Weichsegment den Grad der Flexibilität. Bezogen auf das Weichsegment gelten die gleichen Kriterien, wie für das TPU im Kapitel 7 beschrieben. Eine Polyester-Struktur ist auch hier empfindlich gegen den hydrolytischen Angriff und die Polyether entsprechend gegen die Oxidation. Einen guten Kompromiss bietet die Weichphase aus Polycarbonatdiol, welches allerdings keine preisgünstige sein wird. Auf der anderen Seite wird teilweise ein Kompromiss geschlossen, indem sowohl ein Polymerdiol auf Basis Ester als auch auf Ether zu gleichen Teilen verwendet wird. Das findet sich dann in der Bezeichnung des Typus wieder, entsprechend als TPC-EE in der Nomenklatur-Norm.

Die stufenweise Polykondensation ermöglicht einen separierten Aufbau der Segmente, was eine ausgeprägte Phasenseparation bewirkt. Das heißt sowohl die Hart- als auch die Weichsegmente sind recht rein und ungestört. Deshalb haben die TPC eine gute Wärmeformbeständigkeit und kristallisieren schnell bei der Verarbeitung. Letzteres ist ein wesentliches Kriterium für die Herstellung von Formteilen im Spritzguss. Aufgrund des schnellen Erstarrens hilft in der Extrusion die hohe Schmelzefestigkeit zur Herstellung von maßgenauen Extrudaten. Die hohe Wärmeformbeständigkeit wird gern im Motorraum von Kraftfahrzeugen genutzt, speziell dort wo heiße Luft oder Öle gefördert werden. In der Abb. 8.4 ist repräsentativ ein Ladeluftschläuche für den Automobil-Motorraum abgebildet, der über ein komplexes Extrusionsverfahren, dem Extrusions-Blasformen, in einem Arbeitsgang hergestellt wird. Eine gute Stabilität der Schmelze ist dabei unabdingbar.

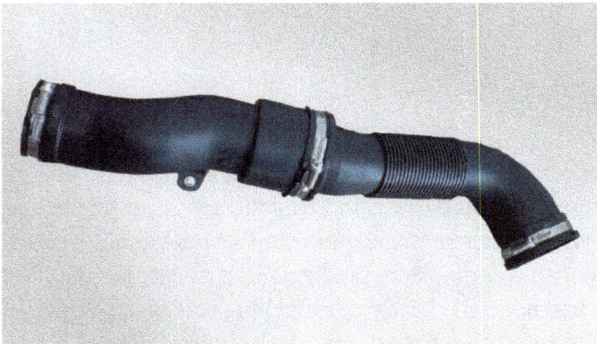

Abb. 8.4: Ladeluft-Schlauch für den Motorraum (Quelle: Mocom).

Wie bei den anderen TPE wird das dynamische Verhalten über einen weiten Temperaturbereich mittels Dynamisch Mechanischer Analyse (DMA) dargestellt (Methodenbeschreibung siehe Kap. 11.3). Aus dieser Messung heraus lässt sich das Material sehr gut beschreiben, wenn man sich einen Einblick in die Struktur und Brauchbarkeit verschaffen möchte (Abb. 8.5).

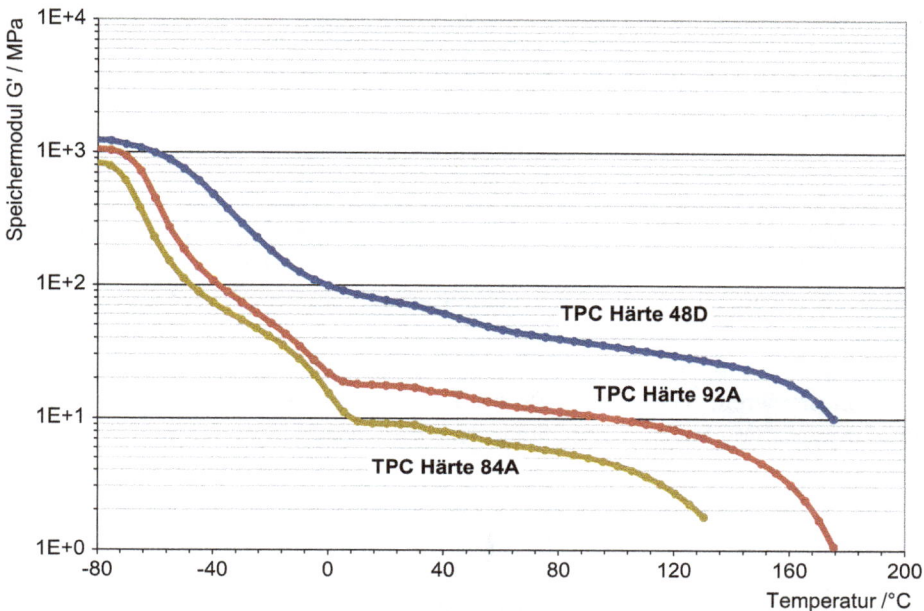

Abb. 8.5: Dynamisch mechanische Analyse von TPC-ET der DuPont (Shore 84A – 3s), (Shore 92A – 3s) und (Shore 97A/48D – 3s), Messung in Torsion mit der Frequenz von 1Hz.

Ähnlich dem TPU liegen die Glasübergänge bei sehr tiefen Temperaturen und sind stärker ausgeprägt, je weicher die Typen sind, also der Anteil an Weichphase größer ist. Auf der rechten Seite des Diagramms knickt die Kurve bei vergleichsweise hohen Temperaturen ab, sodass von einer höheren Gebrauchstemperatur ausgegangen werden kann als bei den zuvor beschrieben TPE. Nur bei den sehr weichen Typen lässt diese Eigenschaft deutlich nach. Die kleinen Buckel in der Mitte der Kurven, hier zwischen 40°C und 60°C zeugen von einem Anteil amorpher Strukturen des PBT, die weit früher aufschmelzen als die kristallinen, doch der Wärmeformbeständigkeit keinen Abbruch tun. Die gute Phasenseparation bewirkt immer noch eine hohe Reinheit der Hartsegmente und damit einem hohen Schmelzbereich.

In dem Diagramm erkennt man noch eine Besonderheit, wo die gut ausgebildeten Weichsegmente bei tiefen Temperaturen zur Kristallisation neigen. Das sieht man in den Kurven der beiden weicheren Materialien an dem Buckel zum Ende des Glasübergangs hier zwischen −20°C und 0°C. Ist eine bedingungslose Kälteflexibilität gefordert, besteht die Möglichkeit die Weichsegmente so zu modifizieren, dass eine Verhärtung durch Kristallisation ausgeschlossen werden kann.

Die mechanischen Eigenschaften der TPC aus dem Zugversuch (DIN 53504, ISO 37, ASTM D 412) und der Abriebprüfung (DIN ISO 4649, ASTM D 5963), über das weitgehend gesamte Produktportfolio betrachtet, liegen die ungefüllten Typen im Härtebereich Shore 80A bis 80D bei Werten von:

Zugfestigkeit   10–60MPa
Reißdehnung   300–800%
Abrieb   20–100mm^3

Das Eigenschaftsprofil der TPC ist grob betrachtet dem der TPU ähnlich, wobei im weichelastischen Bereich die TPC eine untergeordnete Rolle spielen, weil dort die mechanischen Eigenschaften abfallen. Daher liegen die Schwerpunkte bei der Anwendung im Bereich der mittleren Shore-Härte oberhalb von 85A, wo diese Produktfamilie seine Stärke ausspielen kann.

Die Betrachtung der elastischen Eigenschaften (Abb. 8.6) ergibt ebenso ein Bild eines Elastomeren, wie es sich aus der Intermittierenden Spannungs-Dehnungs-Messung zeigt (Methodenbeschreibung siehe Kap. 11.4).

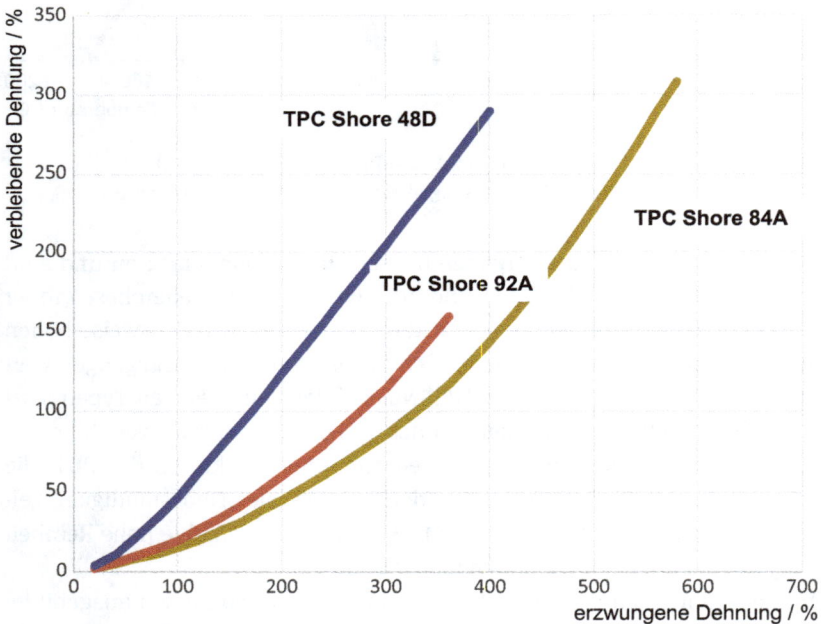

Abb. 8.6: Dehnungswerte aus der Intermittierenden Spannungs-Dehnungs-Messung von TPC-ET der DuPont (Shore 84A – 3s), (Shore 92A – 3s) und (Shore 97A/48D – 3s).

Häufig sieht man in solchen Kurven erst einen flachen Anstieg und nach einem Knick einen steileren. Hier vollzieht sich die zunehmende verbleibende Dehnung ohne einen auffälligen Punkt. Die Verformung findet stetig ohne einen spürbaren Sprung statt. Das lässt sich nicht ohne weiteres aus der Morphologie heraus erklären und hat bei den meisten praktischen Anwendungen keine Relevanz.

Wichtig für diese Produktfamilie sind die hohen Festigkeiten und eine gute Kälteflexibilität. Die gummiartige Elastizität ist bei den TPC nicht gefragt, zumal weiche Vertreter der Familie im Markt kaum zu finden sind. Die Kurven zeigen eine gewisse Elastizität bei geringen Dehnungen, was für deren Verwendung ausreichen sollte, da bei der Wahl dieser Produkte diese mechanische Stabilität über eine lange Gebrauchszeit gefragt ist. Wenn auch die Schläuche in der Abb. 8.7 unspektakulär erscheinen, so wird von ihnen eine lange Standfestigkeit bei dynamischen Belastungen und erhöhter Temperatur verlangt. In manchen Fällen spielen die Medien, mit denen die Materialien in Kontakt kommen, eine wesentliche Rolle.

Abb. 8.7: Druckschläuche aus TPC (Quelle: Sipol).

8.3 Verarbeitung

Die gute Verarbeitbarkeit der TPC wurde bereits angesprochen, die sich auf schnelles Rekristallisieren und einer guten Stabilität in der Schmelze beruft. In der folgenden Abb. 8.8 ist die Thermoanalyse (DSC, siehe Kapitel 11.5) eines TPC der Härte 48D dargestellt.

Die Aufheizkurve beschreibt hauptsächlich den scharfen Schmelzpeak der Hartphase, hier das PBT, um 200°C herum. Genauso bildet sich der Peak der Kristallisation in der Abkühlkurve bei noch hohen Temperaturen, das heißt, das TPC wird sehr früh fest und lässt auf kurze Zykluszeiten in der Schmelzeverarbeitung schließen, zumal die Rekristallisation schnell wieder auf die Grundlinie zurückfällt.

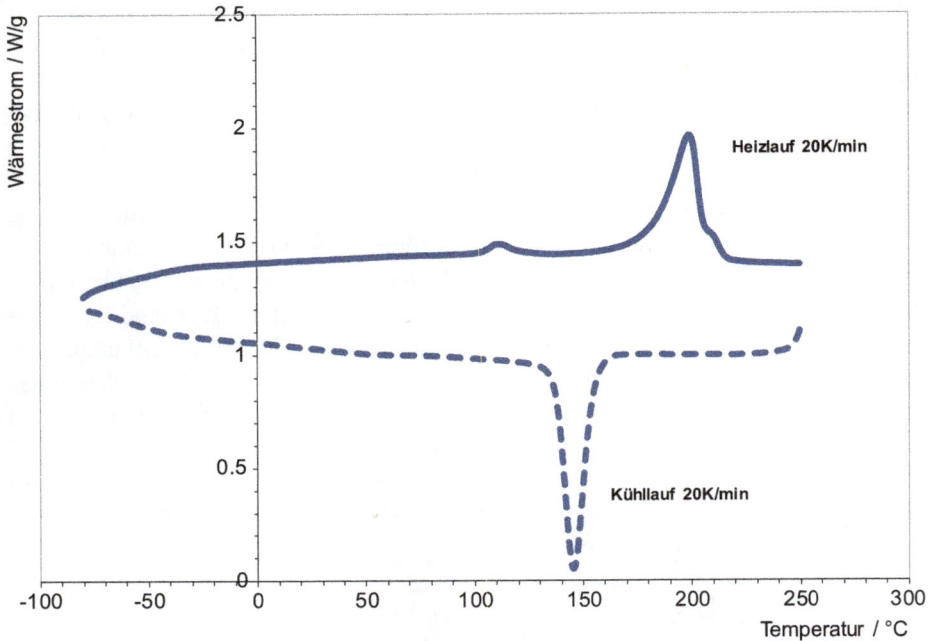

Abb. 8.8: Dynamische Differenz-Thermoanalyse von TPC-ET der DuPont (Shore 97A/48D – 3s), Temperaturlauf mit 20K/min.

Ein großzügiges Verarbeitungsfenster erkennt man aus den Fließkurven, also der Viskositäten über die Schergeschwindigkeit. Sie wurden beim TPU in Kap. 7.3 schon gezeigt und in Kapitel 11.7 wird die Messung im Hochdruck-Kapillarviskosimeter (HKV) beschrieben. Liegen die Viskositäten der Schmelze über den Schergeschwindigkeiten bei unterschiedlichen Temperaturen eng beieinander, ist das Material wenig empfindlich gegen Temperaturunterschiede in der Schmelze, somit beim Spritzguss oder der Extrusion. Die folgende Abb. 8.9 zeigt die beschriebenen Kurven. Sie sind ebenso aus der Datenbank Campus entnommen.

Vergleicht man die Abstände der drei Kurven zueinander und die Differenz der Messtemperaturen, hat das Testmaterial nahezu gleiche Viskositäten über den gesamten Scherbereich bei den gemessenen Temperaturstufen. Damit ist das TPC recht unempfindlich bei der Verarbeitung. Zur Einschätzung der Fließfähigkeit reicht in vielen Fällen der Schmelzflussindex (MFR) aus, um sich auf bestimmte Temperaturprofile in der Extrusion einzustellen. Für den Spritzguss ist der MFR ohnehin nicht interessant, weil die Schergeschwindigkeiten viel höher liegen. Von vielen TPC sind Fließkurven aus der Datenbank CAMPUS verfügbar. Das ist wichtig, wenn man das Verarbeitungsverhalten studieren oder gar Berechnungen anstellen möchte.

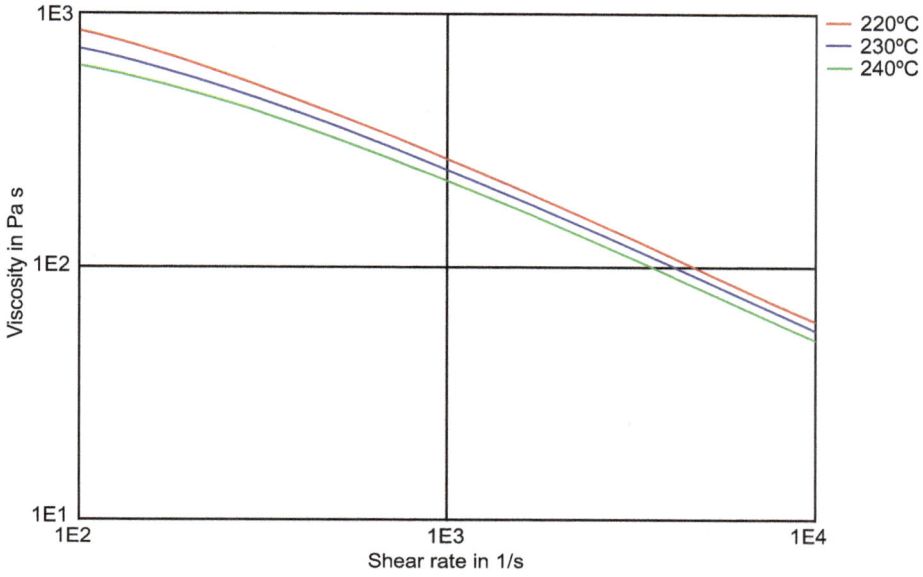

Abb. 8.9: Viskosität über Schergeschwindigkeit gemessen im Hochdruck-Kapillarviskosimeter von TPC-ET der DuPont (Shore 97A/48D – 3s), entnommen aus Campus Plastics Datenbank.

9 TPA – Amid basiertes TPE stellt sich vor

Ein Kleinod in der TPE-Familie bilden die Thermoplastischen Polyamid-Elastomeren. Die im Markt üblichen Materialien bilden die Hartsegmente aus aliphatischen Amiden, meist Polyamid 12 und einem Polyether-Weichsegment, wobei als Weichsegment die gleiche Variation möglich ist wie bei den TPC. Entsprechend werden die Materialien in der DIN EN ISO 18064 folgendermaßen bezeichnet:

TPA-ES   mit Polyester-Weichsegment
TPA-ET   mit Polyether-Weichsegment
TPA-EE   mit Polyether-ester-Weichsegment

Die Norm berücksichtigt nicht, dass auch TPA mit aromatischen Hartphasen existieren, doch treten sie in der TPE-Familie kaum in Erscheinung. Es ist zu vermuten, dass diese Typen mit den TPC in Konkurrenz stehen, da sich die Eigenschaftsprofile in vielen Anwendungen ähneln werden. Die Abb. 9.1 zeigt eine Anwendung im Sportschuh, wo es auf hohe dynamische Ansprüche, eine gute Transparenz und niedrige Dichte ankommt. Damit trifft es eine Nische im Schuhmarkt, der bezogen auf die TPE, eher von TPU dominiert wird, doch die TPA im Hochleistungsbereich bevorzugt.

Abb. 9.1: Sportschuhsohlen aus TPA (Quelle: Evonic).

Ein großes Plus der TPA auf Basis von PA12 ist die niedrige Dichte, dazu kommt eine hohe Transparenz und Lichtechtheit dieser Produkte, ein großer Vorteil in Außenanwendungen. Sie bieten zudem ein breiteres Verarbeitungsfenster, was für die Herstellung von den meisten Artikeln notwendig ist. Ein schönes Beispiel für das

https://doi.org/10.1515/9783110740066-009

beschriebene Eigenschaftsprofil liefern die gezeigten Sohlenplatten für hochwertige Fußballschuhe.

9.1 Herstellverfahren

Ältere Verfahren beruhen auf der Kondensationsreaktion von Di-Amin und Di-Säure in einem Kessel, wo das entstehende H_2O entfernt werden muss und Amidblöcke mit Säure-Endgruppen entstehen, die sodann mit einem polymeren Diol, hier dem Polyether aus Tetrahydrofuran, unter Abspaltung von Wasser umgesetzt werden (Abb. 9.2). Aus dem Amin und der Säure entsteht das harte Polyamid-Segment, über die Anknüpfung der langkettigen Diols das flexible Weichsegment.

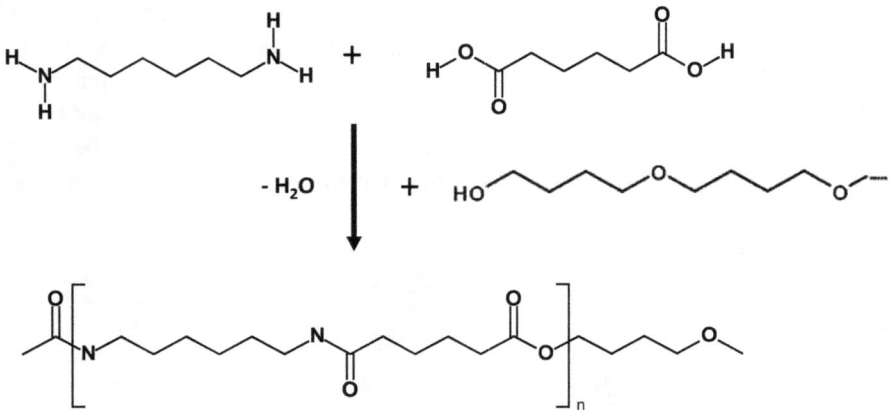

Abb. 9.2: Herstellung von TPA aus der Kondensation Diamin, Disäure und Diolen, hier: Hexamethylen-diamin, Adipinsäure, Poly-tetrahydrofuran.

Durchgesetzt im Markt haben sich die TPA auf der Basis von Polylactamen, die über eine Ringöffnung aus Lactamen aufgebaut werden. Das ist einfacher in der Handhabung der Rohstoffe und mit guter Reinheit und Ausbeute zu bewerkstelligen. Die nahezu immer verwendete Version ist die Kombination aus Laurinlactam (Bildung von PA12-Segmenten) und Poly-tetrahydrofuran (PTHF), also ein Ether Weichsegment. Die Ringöffnung des Lactams wird durch Alkali- oder Erdalkali-Hydroxyde initiiert, sodass erst ein Polyamid-Block mit einer Säure-Endgruppe entsteht. Danach wird das Polyether-Diol über eine Polykondensation und den PA-Block angebunden (Abb. 9.3).

Auch diese Reaktion läuft im Kessel unter Inertgas Gemäß der Norm DIN EN ISO 18064 handelt es sich um ein TPA-ET. Anschließend wird die Polymerschmelze in einen Extruder übertragen und in einer üblichen Granulierung fertiggestellt. Das kann über eine Strang- oder Unterwasser-Granulierung erfolgen (Abb. 9.4).

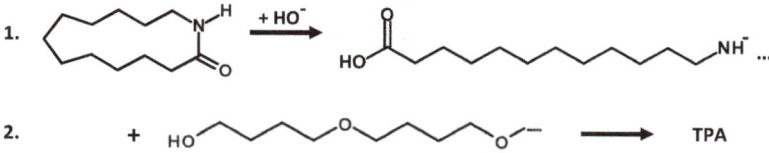

Abb. 9.3: Herstellung von TPA aus der Ringöffnung von Laurinlactam und anschließender Kondensation mit Poly-tetrahydrofuran.

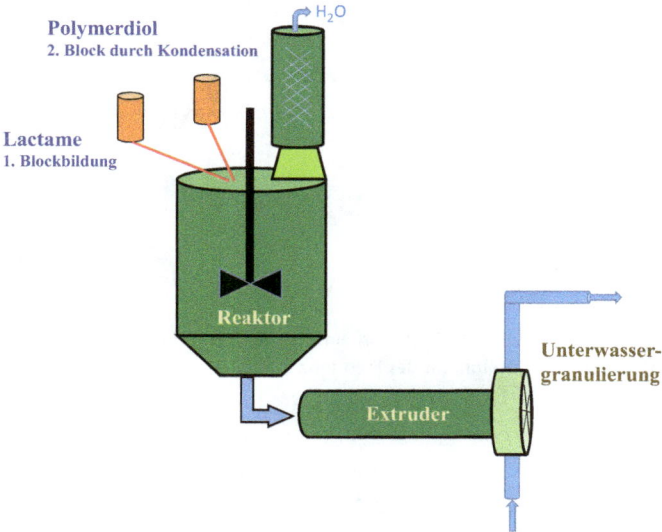

Abb. 9.4: Herstellung von TPA im Kesselverfahren aus Lactam und Polymerdiol.

9.2 Eigenschaften

Ausgehend davon, dass aromatische Polyamid-Block-Elastomere kaum im Markt zu sehen sind, werden die eher relevanten TPA auf Basis PA12 und Ether-basiertem Weichsegment betrachtet. Es sind sehr transparente, wärmeformstabile und gut zu verarbeitende Werkstoffe, die sich aus dieser Eigenschaftskombination heraus von den anderen TPE etwas absetzt. Dazu kommt eine niedrige Dichte, die nur etwas über $1\,g/cm^3$ liegt und damit nah an die Polyolefine heranreicht. Wie schon bei den TPC erzeugt der gezielte Blockaufbau eine gute Phasenseparation, das heißt die Hartsegmente kann sich gut ausbilden und die Weichsegmente ist weitgehend ungestört.

Wiederum wird die Dynamisch Mechanische Analyse (Methodenbeschreibung siehe Kap. 11.3) herangezogen und im folgenden Diagramm (Abb. 9.5) drei TPA verschiedener Härte vorgestellt.

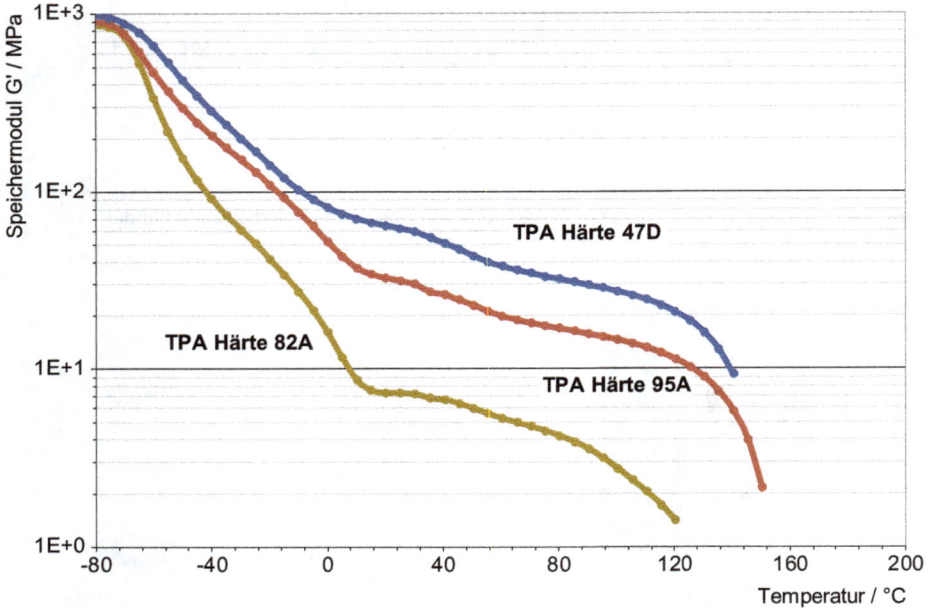

Abb. 9.5: Dynamisch mechanische Analyse von TPA-ET der Arkema (Shore 82A – 3s), (Shore 95A – 3s) und (Shore 97A/47D – 3s), Messung in Torsion mit der Frequenz von 1Hz.

Man erkennt, dass der Übergang vom erstarrten Zustand der Weichsegmente in den elastischen bei sehr niedrigen Temperaturen beginnt. Das spricht für eine hohe Kälteflexibilität und gute Verwendbarkeit bei sehr tiefen Temperaturen. Aus diesen Kurven heraus ist zu erwarten, dass diese TPA bei -40°C nicht spröde sind. Man muss bei diesen Proben beachten, dass das sehr homogene und lineare Weichsegment, hier PTHF, zur Kristallisation neigt und die Flexibilität in der Kälte einschränken kann. Man konnte das ebenso bei den TPC (Kap. 8.2) am Buckel im Glasübergang sehen. Auch hier kann das über eine Modifizierung der Weichsegmente vermieden werden, wenn es notwendig sein sollte. Abgesehen von dem weichen Typ zeigen diese TPA ein Plateau über einen weiten Temperaturbereich, sodass die Verwendung des Materials bis zu Temperaturen von 120°C gut möglich ist, wenn man die weichste Probe einmal ausklammert.

Die mechanischen Eigenschaften der TPA aus dem Zugversuch (DIN 53504, ISO 37, ASTM D 412) und der Abriebprüfung (DIN ISO 4649, ASTM D 5963) über das weitgehend gesamte Produktportfolio betrachtet, liegen die Werkstoffe im Härtebereich Shore 70A bis 70D bei Werten von:

Zugfestigkeit	30–60MPa
Reißdehnung	200–800%
Abrieb	40–130mm^3

Im niedrigen Härtebereich findet man eher wenig Anwendungen, weil im Vergleich zu den anderen TPE keine besseren Eigenschaften zu erkennen sind und ihre Materialpreise meist höher liegen. Daher zeigen die TPA ihre Stärke beginnend bei mittleren Shore A Werten. Vergleichbar mit den TPC und TPU zeichnet sich die Struktur der Weichsegmente für die Stabilitäten gegen Witterungseinflüsse verantwortlich, denn Polyether sind empfindlich gegen Oxidation und UV-Strahlung und die Polyester gegen Hydrolyse. Eine nähere Beschreibung dazu findet sich in Kap. 7.2 über die TPU, wo die Eigenschaften der Ether- und Ester-Segmente ausführlicher beschrieben sind. Dies kann bezogen auf die Weichsegmente auf die TPA übertragen werden. Insgesamt sind die TPA aufgrund ihrer Polarität gut beständig gegen unpolare Medien wie Öle und Fette.

Einen Blick in die elastischen Eigenschaften (Abb. 9.6) vermittelt die Verformung bei zunehmender Dehnung aus der Intermittierenden Spannungs-Dehnungs-Messung (Methodenbeschreibung siehe Kap. 11.4).

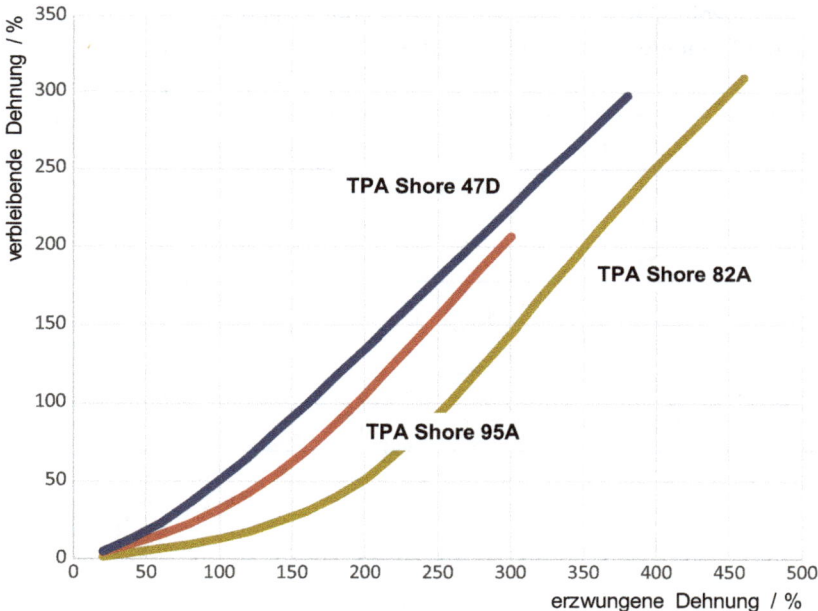

Abb. 9.6: Dehnungswerte aus der Intermittierenden Spannungs-Dehnungs-Messung von TPA-ET der Arkema (Shore 82A – 3s), (Shore 95A – 3s) und (Shore 97A/47D – 3s).

In der Anfangsphase der Messung, bei Dehnungen bis 100% wird der Unterschied vom Einfluss der Steifigkeit, gemessen an der Shore Härte, am deutlichsten. Während sich das Material um Shore 82A noch sehr elastisch verhält, nimmt die Verformung der Proben mit steigender Härte kontinuierlich zu. Es ist zu vermuten, dass das auch an meist der amorphen Struktur der Hartphase aus PA12 liegt, die unter hohen Dehnungen nicht so stabil sein kann wie ein kristallines Hartsegment. In Anwendungen mit hohen Dehnungen wird sich daher kaum ein härteres TPA finden. Wichtiger ist die Nutzung der Duktilität auch bei tiefen Temperaturen in Verbindung mit der hohen Verschleißfestigkeit bei niedriger Dichte und guter Transparenz.

9.3 Verarbeitung

Wie zuvor beschrieben geben die Fließkurven aus dem Hochdruck-Kapillarviskosimeter (HKV, siehe Kapitel 11.7) bei unterschiedlichen Temperaturen der Materialien einen Aufschluss über deren Verarbeitungsfenster und -verhalten. Betrachtet man die große Temperaturdifferenz in dem nachstehenden Diagramm (Abb. 9.7), so liegen die Kurven recht nah beieinander. Das Material ist also nicht sensibel in der Temperaturführung im Schmelzeprozess. Das hat zum Beispiel den Vorteil bei der Extrusion zu großvolumigen Schläuchen oder Profilen, wenn es schwierig ist, das Werkzeug überall sehr gleichmäßig zu temperieren.

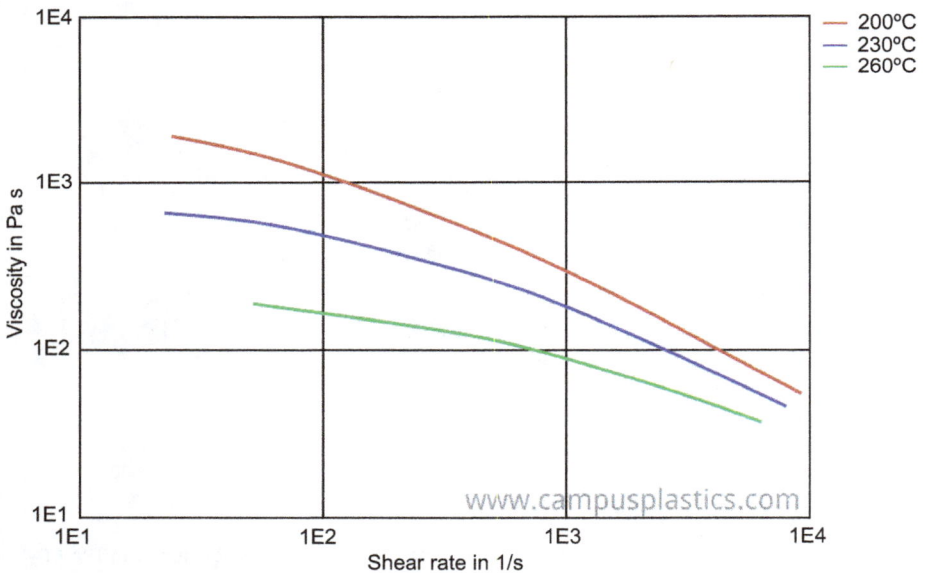

Abb. 9.7: Viskosität über Schergeschwindigkeit gemessen im Hochdruck-Kapillarviskosimeter von TPA-ET der Arkema (Shore 95A – 3s), entnommen aus Campus.

Immer wieder wird der Schmelzflussindex (MFR) als Richtgröße für die Verarbeitbarkeit herangezogen (siehe Kap. 11.6). In vielen Fällen reicht der für TPA aus, um sich auf bestimmte Temperaturprofile einzustellen, doch sind manchmal mehr

Informationen notwendig. Von vielen TPA sind die Fließkurven aus der offiziellen Datenbank CAMPUS verfügbar, sodass mehr Informationen zur Fließfähigkeit der jeweiligen Materialien vorliegen. Das ist wichtig, wenn man das Verarbeitungsverhalten studieren oder gar Berechnungen anstellen möchte. Wie gesagt, die gute Schmelzestabilität der TPA ist notwendig, wenn aus diesem Thermoplastischen Elastomer dimensionsstabil Extrudate hergestellt werden sollen. Das besondere Eigenschaftsprofil wird auch in dem folgenden Bild gezeigt (Abb. 9.8), wo die Anforderung an ein Brillengestell von niedriger Dichte, Bruchsicherheit, Transparenz bis zur Wärmeformbeständigkeit geht.

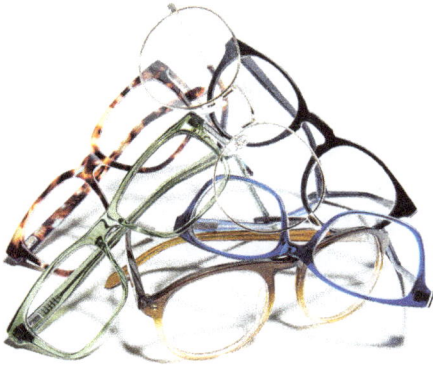

Abb. 9.8: transparente Brillenstelle (Quelle: filipw/iStock/Getty Images).

In Vorbereitung zur Verarbeitung der TPA spielt die Dynamische Differenz-Thermoanalyse (DSC, siehe Kap. 11.5) keine wichtige Rolle, doch lässt sich aus dem folgenden Diagramm entnehmen, dass das Aufschmelzen einen klaren Peak erzeugt und die Kristallisation beim Abkühlen schnell und sauber erfolgt. Von daher kann man von vernünftigen Zykluszeiten im Schmelzeprozess ausgehen.

Nicht alle Materialien einer Familie verhalten sich gleich, so kann man in der DSC des weicheren TPA sehen (Abb. 9.9), dass eine Kristallisation der Weichphase unterhalb der Raumtemperatur entsteht. Das kommt daher, dass aus der Synthese heraus (Kap. 9.1) eine recht gut phasenseparierte Struktur entsteht. Gemeint ist ein einheitliches Hartsegment und ein ungestörtes Weichsegment. In diesem Fall ist dies ein sehr linearer Polyether, der zur Kristallisation neigt, wenn die Molmasse hoch genug ist. Normalerweise bedingt das eine gute Flexibilität in der Kälte, doch spielt auch die Struktur eine Rolle, ob eine Kristallisationsneigung besteht. Das gleiche Phänomen ist zuvor aus der DMA gut zu erkennen gewesen (Abb. 9.5), wo ein leichter Buckel nach dem Glasübergang zu erkennen ist. Wie gesagt, sollte das in der Anwendung stören, ist dieser Effekt durch chemische Modifikation am Weichsegment leicht vermeidbar. Allgemein ist den TPA eine gute Kälteflexibilität bescheinigt.

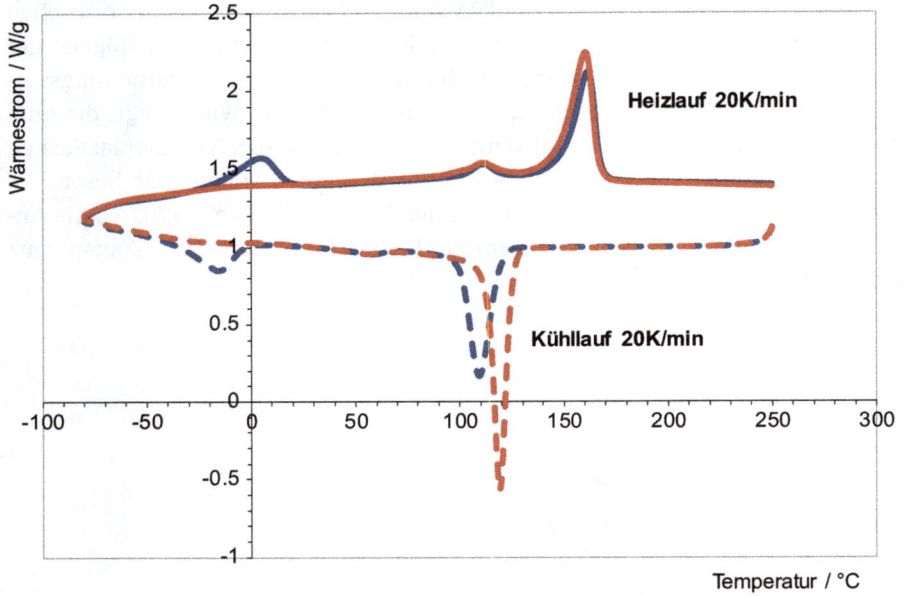

Abb. 9.9: Dynamische Differenz-Thermoanalyse von TPA-ET der Arkema (Shore 95A – 3s) – blau – und (Shore 47D – 3s) – rot, Temperaturlauf mit 20K/min.

10 Nachwachsende Rohstoffe

Bio-Kunststoffe, biobasierte und biologisch abbaubare Kunststoffe sind in der Plastikwelt und deren Anwender in aller Munde, bis hin zur Umwelt-Verschmutzung, die durch unsachgemäßen Umgang mit diesen Wertstoffen zum Problem wird. An dieser Stelle wird nicht darüber gesprochen, wie es sinnvoll ist, Kunststoffe zu rezyklieren oder in geeigneter Weise zu verbrennen. Deponie ist sicher die unglücklichste Variante der Verwertung. Die Abbaubarkeit in der Umwelt ist immer noch ein kritischer Aspekt und bisher kaum möglich, wenn es nicht in speziell ausgelegten, industriellen Verfahren ausgeführt wird.

Als Alternative zu den Öl-basierten Rohstoffen hat sich die Herstellung aus Pflanzen längst etabliert, bei denen man von nachwachsenden oder biobasierten Rohstoffen spricht. Wenn auch kritisch betrachtet wird, ob die Quellen mit der Lebensmittelkette konkurrieren, so wird dieser Trend weitergehen. Hilfreich sind die Entwicklungen in der Fermentationstechnologie, die noch viel Fortschritt in der Zukunft versprechen, sodass die Hoffnung bleibt, aus einfachen biologischen Abfällen Bausteine für die Herstellung von Kunststoffen zu generieren.

Im Rahmen der Aktivitäten bio-basierter Rohstoffe für die Kunststoffe sind die Thermoplastischen Elastomere ebenso betroffen. So gibt es Bausteine, die am Ende denen aus petrochemischer Herstellung gleichen. Eine der aussichtsreichsten Quellen ist der Zucker, aus dem man in brauchbarer Ausbeute Kohlenstoff in C_2, C_3 und C_4-Einheiten aus der Fermentation erhalten kann. Das bekannteste Molekül ist das Ethanol für den Einsatz im Bio-Diesel aus Zuckerrohr. Die reduzierte Form des Ethanols, das Ethylen, wird bereits als Monomer für TPO und den Kautschuk EPDM verwendet, das wiederum eine Komponente von TPV darstellt. Die als Grundlage bildende Glukose wird ebenso aus Stärke-haltigen Pflanzen wie Zuckerrübe, Mais und Getreide gewonnen, doch ist das Zuckerrohr immer noch der effektivste Spender. Sofern die gewonnenen Säuren, z. B. Bernstein- oder Malonsäure, nicht direkt verwendet werden, macht man durch chemische Reduktion daraus Diole, die mit den Säuren zu Polyestern umgesetzt werden. Oder man polymerisiert aus den Diolen Polyether, in Abb. 10.1 dargestellt am Beispiel des Butandiols. Beide Polymerdiole (Telechele) bilden die Weichsegmente der TPU, TPC und TPA.

Damit ist ein Beispiel für die Bausteine aus vier Kohlenstoffatomen gegeben. Gleiches gilt für Bausteine mit drei C-Atomen, aus denen entsprechende Polyester oder Polyether synthetisiert werden (Abb. 10.2).

Obwohl das Interesse im Markt groß ist und die Anbieter viele Produkte bewerben, spielen die bio-basierten TPE noch eine kleine Rolle im Geschäft, zumal die Verfügbarkeit der Rohstoffe noch gering ist. Der Trend zu diesen Produkten wird sich jedoch weiter fortsetzen, da die Ausbeuten in der Herstellung und die Produktqualitäten immer besser werden. Sind die chemischen Bausteine vorhanden, ist die weitere Synthese zu den TPE in den gleichen Anlagen und Verfahren durchführbar. Führt man noch andere

https://doi.org/10.1515/9783110740066-010

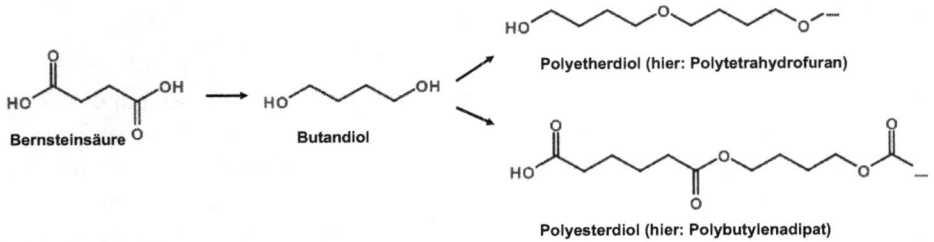

Abb. 10.1: Reduktion von Bernsteinsäure zu Butandiol, anschließende Polymerisation zu Polytetrahydrofuran oder Polykondensation mit Adipinsäure zu Polyester.

Abb. 10.2: Reduktion von Malonsäure zu Propandiol.

Funktionalisierungen durch, werden selbst Bausteine für die Hartsegmente mancher TPE gebildet, wie z. B. die Terephthalsäure für die TPC oder Amine für die TPA.

Aus dem Rizinusöl wird Sebazinsäure (C_{10}) gewonnen, aus der ein Polyester für die Weichphase gemacht wird. Rizinusöl liefert auch Undekansäure (C_{11}), die in ein Amin überführt werden kann und die Basis für Polyamid 11 bildet. Man muss jedoch wissen, dass die Ernte der Rizinusfrucht nicht ganz einfach ist, weil die Pflanze stachelig ist und nur in bestimmtem Klima in wenigen Regionen wächst. Die Lebensmittelkette ist davon nicht berührt.

Eine weitere interessante Substanz aus der Biomasse ist das Lysin, das vorzugsweise aus Stärke über die Fermentation gewonnen wird (Abb. 10.3).

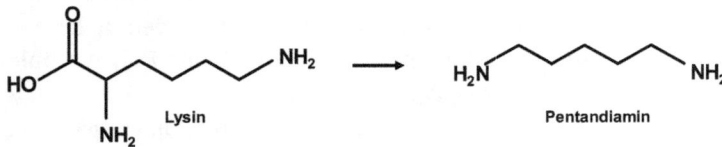

Abb. 10.3: Pentandiamin aus Lysin.

Aus dem gebildeten Pentandiamin (C_5) lässt sich ein TPA-Hartsegment machen. In einem nächsten Schritt setzt man aus dem Amin ein Isocyanat um, das dann mit einem Diol für TPU einen Baustein zum Hartsegment liefert.

Die Technologien gehen soweit, dass selbst aus CO_2 Polycarbonatdiole gefertigt werden können, die sowohl als reiner Baustein als auch in Kombination mit Polyether-Segmenten ihren Einstieg in die Kunststoffe gefunden haben, die TPE eingeschlossen.

Wenn es auch nicht ganz zu diesem Kapitel gehört, so lohnt es sich, an dieser Stelle die Rezyklierbarkeit der Kunststoffe in der Form zu erwähnen, als es damit in die Kreislaufwirtschaft eingebunden wird. Da TPE thermoplastisch sind, können sie immer wieder aufgeschmolzen werden. Innerbetriebliche Wiederverwertung wird seit vielen Jahrzehnten ohnehin umfangreich betrieben und stets optimiert. Eine vernünftige Rezyklierung von gebrauchten Artikeln ist immer möglich in Abhängigkeit vom logistischen Aufwand, der Reinigung der Teile und der Auftrennung von Materialkombinationen in die einzelnen Komponenten.

Es wird daran gearbeitet, verwendete Kunststoffartikel in der Pyrolyse abzubauen und aus den Bausteinen wieder ein neues Polymer zu machen. Unter Pyrolyse versteht man die Verbrennung im geschlossenen Verfahren, also ohne Abgase zu erzeugen. Was makroskopisch so einfach aussieht, wird im Detail noch viel Entwicklungsarbeit nach sich ziehen.

11 Prüfmethoden

11.1 Shore Härte nach DIN ISO 48-4 (vormals DIN ISO 7619-1)

Die weit verbreitete Methode zur Einteilung der Thermoplastischen Elastomere ist die Härteprüfung nach Shore, beschrieben in der DIN ISO 48-4 (vormals ISO 7619-1). Ein Prüfkörper definierter Form wird mit vorgegebener Kraft auf die Fläche eines Probekörpers gedrückt und aus dem Widerstand die Härte der Probe bestimmt. Um den weiten Bereich der Elastomere abdecken zu können, werden drei verschiedene Prüfklassen verwendet. Je härter die Probe ist, desto spitzer wird der Eindringkörper, der zur Auswahl steht. In der Abb. 11.1, aus der Norm entnommen, sind die Geometrien gezeigt.

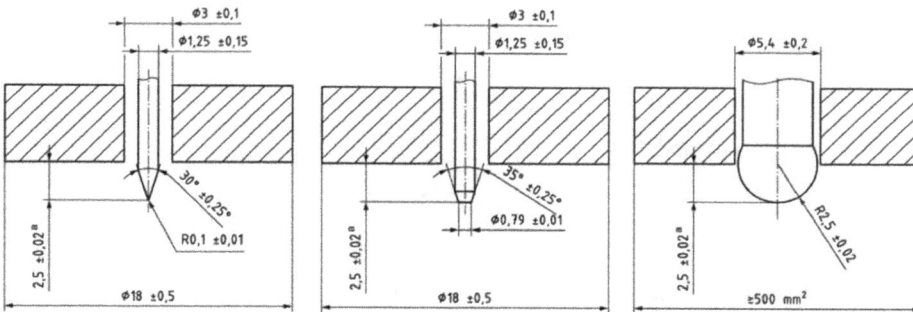

Abb. 11.1: Shore Härte Messkörper aus DIN ISO 48-4 (vormals DIN ISO 7619-1).

Auf der linken Seite sieht man die spitze Nadel für die harten Proben, die in Shore D eingeteilt sind. In der Mitte ist die Nadel abgestumpft, aus der die Werte für Shore A ermittelt werden. Die Härten ganz weicher Proben werden in Shore A0 (oder Shore 00) angegeben, wo der Prüfkörper einer Kugel gleicht. Alle Zahlen liegen sinnvollerweise oberhalb von 0 und unterhalb von 100, wobei die Zuverlässigkeit der Härteangabe mit dem Abstand zu diesen Grenzen steigt. Unter den drei Einteilungen gibt es Überschneidungen, sodass manche Anbieter durchaus zwei Werte angeben. Dies findet man meist bei den TPC und TPA, bei denen häufig Werte nach sowohl Shore D als auch Shore A in den Tabellen zu finden sind.

Ein wichtiges Kriterium ist noch die Prüfzeit, bis zur Ablesung. Die Norm schlägt 3s als auch 15s vor. Besonders bei weichen Materialien sind beide Angaben ratsam, weil der Prüfkörper selbst nach 15s nicht komplett zum Stillstand kommt.

Alle Messungen der hier vorgestellten Proben sind nach Shore A oder D mit 3s Eindringzeit geprüft worden. Dies sind die üblichen Bereiche von TPE in technischen Anwendungen. Wie zuvor angesprochen gibt es zwischen Shore A und D keinen mathematischen Zusammenhang. Die folgende Trendkurve (Abb. 11.2) zeigt,

https://doi.org/10.1515/9783110740066-011

wann sinnvoll Shore A und Shore D angegeben werden sollten, das heißt Shore A bis etwa 95 und Shore D ab 50. In diesem Überlappungsbereich empfiehlt es sich, beide Werte anzugeben.

Unterhalb Shore 40A sind die gemessenen Werte kritisch zu betrachten und eventuell die Methode Shore A0 hinzuzuziehen. Die Proben haben schon einen gelartigen Charakter, sodass selbst die abgestumpfte Nadel der Shore A Messung beim Eindringen kaum zum Stillstand kommt.

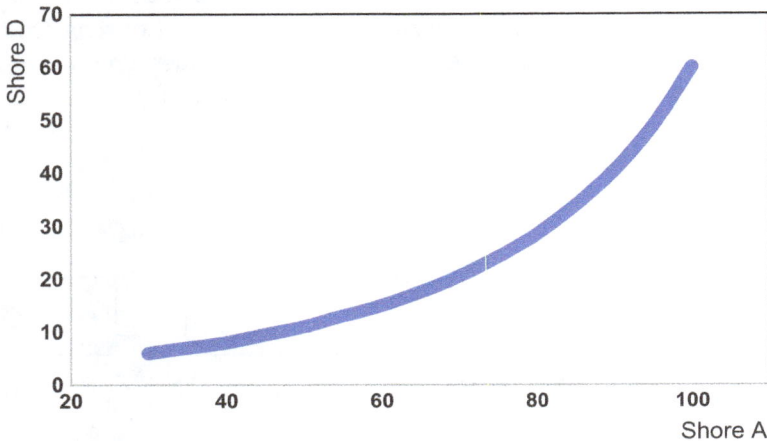

Abb. 11.2: Zusammenhang zwischen Shore A und Shore D.

11.2 Druckverformungsrest nach DIN ISO 815-1

Wieweit sich ein Probekörper unter einer statischen Last verformt und nach definierter Zeit wieder erholt, lässt sich über den Druckverformungsrest bestimmen. In der DIN ISO 815 sind verschiedene Bedingungen aufgeführt, entsprechend den Anforderungen in einer Anwendung. Ein zylindrischer Prüfkörper bestimmter Größe wird zwischen Platten eingeklemmt und diese auf eine bestimmte Höhe verschraubt. Die gesamte Prüfeinheit wird üblicherweise bei Raumtemperatur 23°C, bei 70°C, 100°C und eventuell 150°C gemessen. Je nach Verfahren in der Norm wird die Probe entspannt. Verfahren A entlastet sofort und vermisst den Probekörper nach der Konditionierung. Verfahren B konditioniert weiterhin unter Druck und Verfahren C entlastet sofort und konditioniert unter der Messtemperatur.

Der Druckverformungsrest ist auch ein Indiz für die Wärmeformbeständigkeit eines Polymers, denn unter Druck und Temperatur fließt das Material leichter und verformt sich. Im Bereich von Dichtungen, Rollen, Abstandshaltern usw. gibt diese Messung hilfreiche Informationen.

11.3 Dynamisch Mechanische Analyse nach ISO 6721

Alle Messungen zur DMA, auch DMTA für Dynamisch Mechanisch Thermische Analyse, wurden in Anlehnung an DIN EN ISO 6721 mit demselben Gerät unter gleichen
Bedingungen durchgeführt. Die Probekörper wurden in Form von 50mm langen geraden Stäben aus einer spritzgegossenen Platte herausgestanzt, 12mm breit, 2mm
dick. Die Prüfung erfolgte unter dynamischer Torsion des mit 20% vorgespannten
Prüfstabes im viskoelastischen Bereich mit einer Frequenz von 1Hz. Im Fall der
TPE Prüfungen wird die Probe im eingespannten Zustand bei konstanter Temperatur gehalten und tordiert, bis ein konstanter Messwert entsteht. Die Auslenkung
von ca. 0,1% ist gering genug, dass sich das Elastomer immer noch im linearen viskoelastischen Bereich befindet und damit der Modul unter der Torsion konstant bleibt.
Dann wird um 5°C erhöht und ein neuer Messpunkt wird erzeugt. Jeder Messpunkt ist
daher aus einem nahezu konditionierten Zustand entnommen. Das Messgerät ist
so konzipiert, dass die Probe in der unteren Halterung tordiert und in der oberen
Halterung die Messdose angelegt ist. Das gewährleistet, dass der Modul aus dem gesamten Prüfkörper erhalten wird (Abb 11.3).

Abb. 11.3: Model der Dynamische Mechanischen Analyse (DMA).

Die Deformation y erfolgt nach einer Sinusfunktion (ω = Winkelgeschwindigkeit,
t = Zeit)

$$y(t) = y_0 \sin(\omega t)$$

Die Spannung τ des Probekörpers folgt der Funktion mit einer gewissen Phasenverschiebung δ

$$\tau(t) = \tau_0 \sin(\omega t + \delta)$$

Die Spannung unterteilt sich durch die Phasenverschiebung in einen Speichermodul G′ und einen Verlustmodul G″

$$\tau(t) = y_0[G'\sin(\omega t) + G''\cos(\omega t)]$$

G′ spiegelt den elastischen Anteil des Materials wider, G″ den viskosen. Der Modul G′ gibt die Energie wieder zurück und macht das TPE elastisch, die Energie von G″ wird in anderer Form an das Prüfmaterial gegeben, z. B. in Wärme umgewandelt. Der Quotient aus G″ und G′ ist der Verschiebungswinkel Tangens δ

$$\tan\delta = G''/G'$$

Dies bedeutet auch, wenn der Quotient den Wert 1 überschreitet, geht das TPE in den gelartigen oder gar flüssigen Zustand über.

Hier wird der Modul aus der Torsion heraus ermittelt und man spricht vom Schubmodul G. Aus dem Zugversuch lässt sich der Elastizitätsmodul E bestimmen, der eine ähnliche Charakteristik zeigen muss. Der Faktor zwischen den beiden Größen liegt zwischen 2,5 und 3 für G, abhängig von der Poisson-Zahl μ (Querkontraktionszahl) für ein TPE. Für diese liegt der Wert im Bereich von 0,4 und 0,5. Von daher kann man von der folgenden Gleichung zwischen Elastizitäts- und Schubmodul ausgehen.

$$G = E/2(1 + \mu)$$

Wichtig ist hierbei ebenso, dass die Auslenkung bzw. Dehnung so gering ist, dass sich das Material im linearen viskoelastischen Zustand befindet und im besten Fall nicht deformiert wird.

11.4 Intermittierende Spannungs-Dehnungs-Messung

Im vorliegenden Modell wird ein Probekörper in Schulterform (Abb. 11.4) des Typs S2 (DIN 53504) in einer Zugprüfmaschine mit einer Kraft von 0,2MPa bis zu einer Dehnung von 20% vorgespannt und bei Normklima konditioniert. Dann wird mit einer Geschwindigkeit von 50mm/min die Probe weiter um 20% gedehnt und mit gleicher Geschwindigkeit wieder entspannt. Nach Messung der verbleibenden Dehnung wird um weitere 20% in gleicher Weise expandiert. Die Messung wird bis zu einer ausgewählten Dehnung (z. B. 600%) oder bis zum Bruch des Prüfkörpers durchgeführt.

Die Maße für den entsprechenden Schulterstab sind in der genannten Norm nachzulesen.

Aus den erhaltenen Hysteresekurven werden die Werte der angelegten, also erzwungenen Dehnung den Werten der verbleibenden Dehnung nach der jeweiligen Entspannung in einem Diagramm gegeneinander aufgetragen. Zum weiteren Studium ist die Literatur von N. Vennemann heranzuziehen.

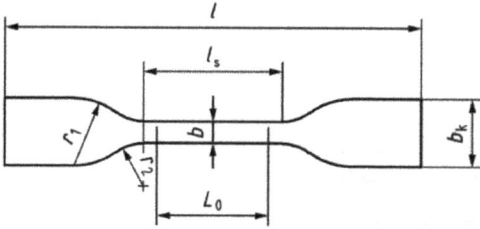

Abb. 11.4: Messkörper S2 aus DIN 53504.

11.5 Dynamische Differenz-Thermoanalyse nach ISO 11357

Bei der Differential Scanning Calorimetry (DSC) werden wenige Gramm einer Probe und einer Referenz, dessen Parameter bekannt sind, jeweils mit gleicher Menge in einem kleinen Pfännchen unter kontrollierten und abgeschlossenen Bedingungen aufgeheizt. Das beginnt bei sehr tiefen Temperaturen (z. B. -80°C), sodass der Glasübergang der flexiblen Phase zu sehen ist, und es endet, wenn das zu prüfende Material komplett aufgeschmolzen ist. Die Differenz des Wärmestroms zwischen den beiden Proben, erzeugt eine Kurve, an der man die Phasenübergänge erkennen kann, die Wärme erzeugen oder aufnehmen. Daher spricht man auch von einer Differenz-Kalorimetrie.

Beim Aufheizen aus dem gefrorenen Zustand gehen die Weichsegmente des TPE aus dem glasartig erstarrten Zustand in den elastomeren über. Wenn das Material zu schmelzen beginnt, ist wieder ein Wärmestrom detektierbar. Die Wärmemenge, auch Enthalpie genannt, lässt sich aus der Fläche unter dem Peak ermitteln. Ebenso sieht man die Erstarrung des Polymeren, wenn die Temperatur wieder kontrolliert abgesenkt wird. Daher spricht man von der Aufheiz- und der Abkühlkurve.

11.6 Schmelzfluss-Index nach ISO 1133

Der Schmelzfluss-Index, auch Melt Flow Rate (MFR) oder Melt Volume Rate (MVR), ist eine Größe, die die grobe Abschätzung der Fließfähigkeit eines Polymers zulässt. Die Durchführung ist in der DIN EN ISO 1133-1 hinterlegt (Abb 11.5).

Die Granulat-Probe wird in einen senkrechten Zylinder gefüllt, mit einem Stempel verdichtet und aufgeheizt. Unterhalb des Zylinders ist eine Düse definierter Größe installiert. Mit einem definierten Auflagegewicht, einer bestimmten Temperatur beginnt die Messung. Der MFR ergibt sich aus der gewogenen Menge, die in 10 min als Schmelze aus der Düse austritt. Von daher hat ein hochviskoses Material einen kleinen Index und umgekehrt.

Alle Parameter, Auflagegewicht, Temperatur, Düsengeometrie können variieren und sind in Tabellen in der genannten Norm zu finden. Sie sollten so ausgewählt werden, dass der MFR nicht zu klein (>1) und nicht zu groß (<100) ist. Ausnahmen wer-

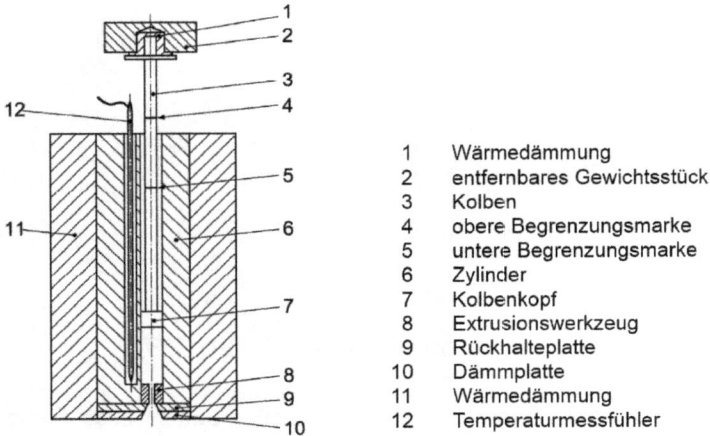

1	Wärmedämmung
2	entfernbares Gewichtsstück
3	Kolben
4	obere Begrenzungsmarke
5	untere Begrenzungsmarke
6	Zylinder
7	Kolbenkopf
8	Extrusionswerkzeug
9	Rückhalteplatte
10	Dämmplatte
11	Wärmedämmung
12	Temperaturmessfühler

Abb. 11.5: Prinzip der Messapparatur zum Schmelzfluss-Index aus ISO 1133.

den gemacht, wenn der Kunde den Wert bei einer bestimmten Temperatur wünscht, um die Probe mit anderen Materialien vergleichen zu können. Der MFR liefert eine Art Viskositätswert bei einer definierten Schergeschwindigkeit, die jedoch unterhalb von Extrusionsbedingungen und weit unterhalb derer beim Spritzguss liegt (siehe Kap. 11.7).

11.7 Viskositätskurven nach ISO 11443

Die Weiterführung des Schmelzfluss-Indexes ist die Viskositätskurve, in der der Zusammenhang der Viskosität einer Polymerschmelze mir der Scherbelastung bei der Verarbeitung hergestellt wird. Nach dem Newtonschen Gesetz ist ein Zusammenhang zwischen Schubspannung σ, Schergeschwindigkeit ẏ und Viskosität η gegeben:

$$\eta = \frac{\sigma}{\mathring{y}}$$

Die Schubspannung ergibt sich aus der Druckdifferenz vor und nach der Düse und die Schergeschwindigkeit wird aus dem gemessenen Volumenstrom errechnet.

Anstatt wie beim MFR nur bei einer Schergeschwindigkeit zu messen, die auch noch niedrig ist, kann man an einem Hochdruck-Kapillar-Viskosimeter (HKV) die Messungen vornehmen, die zu den notwendigen Parametern für die komplette Viskositätskurve führen. Die Methode ist in der Norm ISO 11443 beschrieben (Abb. 11.6).

Die Granulatprobe wird in den temperierten Schacht eingefüllt, aufgeschmolzen und mit dem gesteuerten Stempel kann die Schmelze über einen weiten Bereich von Schubspannungen durch die Düse gedrückt werden. Mit einer Variation von Düsen-

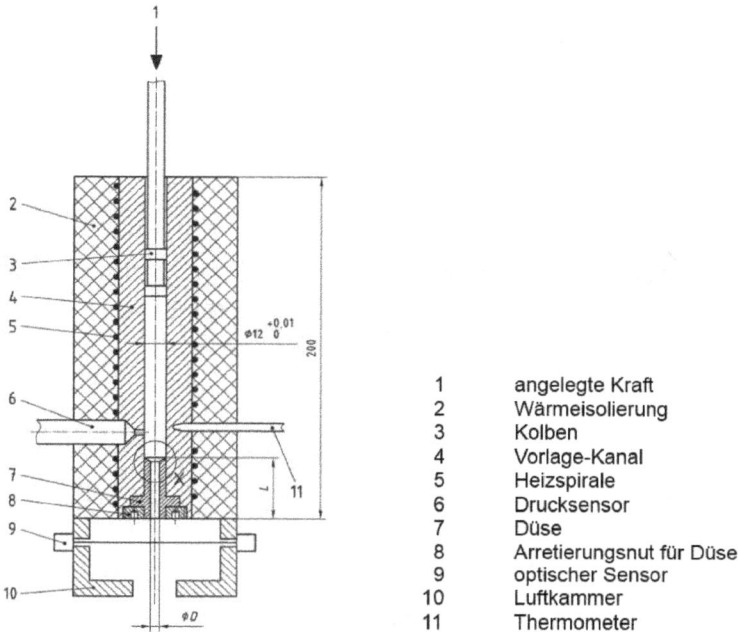

1	angelegte Kraft
2	Wärmeisolierung
3	Kolben
4	Vorlage-Kanal
5	Heizspirale
6	Drucksensor
7	Düse
8	Arretierungsnut für Düse
9	optischer Sensor
10	Luftkammer
11	Thermometer

Abb. 11.6: Prinzip der Messapparatur eines Hochdruck-Kapillarviskosimeters (HKV) aus ISO 11443.

Durchmessern werden die Schergeschwindigkeiten von allen üblichen Verarbeitungs-methoden abgedeckt.

Die Abhängigkeit der Viskosität von der Schergeschwindigkeit bei den TPE ist nicht linear, wobei η mit zunehmender Scherung stärker abfällt. Man spricht von der Strukturviskosität. Dargestellt sind solche Kurven in der Abb. 11.7.

Die Abbildung zeigt beispielhaft die Fließkurven eines TPU bei drei verschiede-nen Temperaturen (siehe auch Kap. 7.3) und eine grobe Einteilung der Bereiche, mit welchen Scherungen bei welcher Verarbeitungsmethode zu rechnen ist. Der MFR ist nur ein Punktwert und liegt fast immer unterhalb von den Bedingungen in der Ex-trusion und weit entfernt vom Spritzguss. Werte aus einer HKV-Messung liefern viel mehr Informationen zum Verarbeitungsverhalten eines Polymers wie des TPE, als es ein MFR Wert tun kann.

Wenn die Messungen sehr akurat ausgewertet werden sollen oder für detaillierte Berechnungen notwendig sind, müssen einige Korrekturen vorgenommen werden, die das unterschiedliche Verhalten bei Eintreten in und Austreten aus der Messkapillare berücksichtigen. Ebenso ist das Fließverhalten der Polymere verändert gegenüber dem Newtonschen Gesetz. Solche Korrekturen sollten sich mittlerweile in der Software von modernen Geräten befinden. Für das genaue Studium ist die Literatur zur Rheologie der Polymeren heranzuziehen, wie zum Beispiel von W-M. Kulicke (Fließverhalten von Stoffen und Stoffgemischen) oder im Englischen bei L.E. Nielsen (Polymer Rheology).

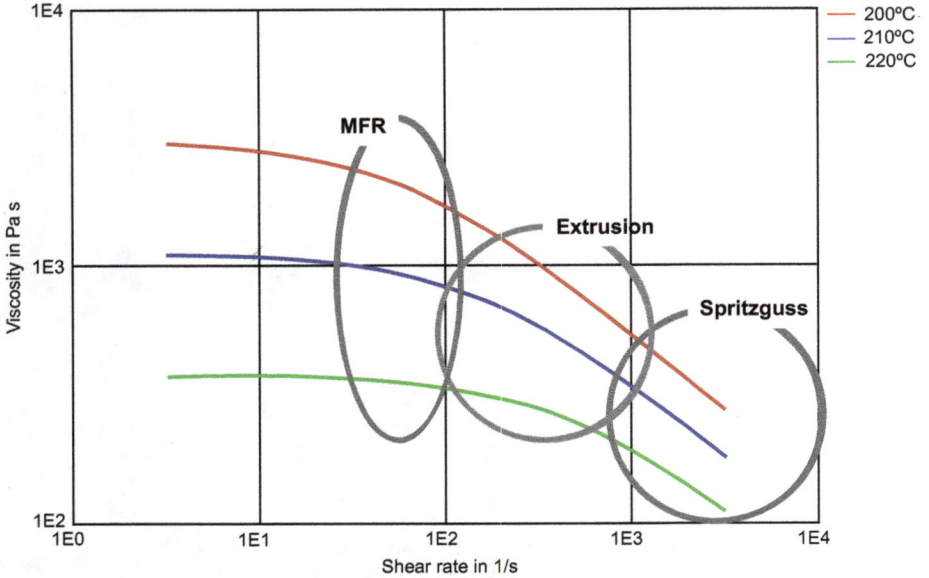

Abb. 11.7: Viskositätskurven eines TPU-ARET mit den Scherbereichen MFR, Extrusion und Spritzguss, Fließkurven aus Campus Plastics Datenbank.

11.8 Fließwegspirale

Die Anbieter und Anwender von TPS und TPV nutzen in der Regel die Fließwegspirale zur Beurteilung der Fließfähigkeit ihrer Materialien im Spritzguss. Sie ist nahe an der Praxis und gibt dem Verarbeiter wertvolle Informationen. Die Geometrie dieser Spiralen ist unterschiedlich, doch ist das für die Auswertung wenig relevant. Auf dem Fließweg sind Markierungen angebracht, um später die Länge des Schmelzflusses auszumessen. Je länger dieser ist, desto niedriger ist die Viskosität der Schmelze. Die Geometrie der Fließwegspirale ist häufig den maschinellen Gegebenheiten angepasst. Vielerorts wird

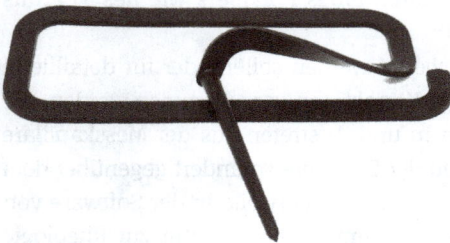

Abb. 11.8: Fließwegspirale mit einem TPS (Quelle: Allod).

eine runde Spirale gewählt, in Abb. 11.8 ist eine rechteckige zu sehen, an der der An-
guss in der Mitte noch nicht abgetrennt ist.

Auf dem Bild sind die Angaben über die Längenabschnitte gut zu erkennen. Mit
der gleichen Prozedur können die Verarbeitungsparameter für jeden Kunden im
Spritzguss ermittelt werden.

12 Nachwort

Das vorliegende Buch gibt einen relativ schnellen, und doch tieferen Einblick in die Vielfalt der Thermoplastischen Elastomere, wie sie sich verhalten, was sie leisten und wie sie zu verstehen sind. Die Abgrenzung zu den klassischen Gummi-Elastomeren hilft bei der Diskussion, wann ein TPE sinnvollerweise einzusetzen ist. Wichtig ist jedenfalls der Hinweis, dass der Kontakt und die Beratung des jeweiligen Herstellers herangezogen werden muss, wenn man sich mit dieser Produktgruppe beschäftigen möchte. Die Bandbreite der Eigenschaftsprofile aller TPE ist nicht in einem Schriftwerk zusammenzubringen. Daher ist auch ein Vergleich der TPE-Familien untereinander nicht korrekt zu machen.

An dieser Stelle sei erwähnt, dass in dem Buch keine Marktanalyse diskutiert wird, denn nach kurzer Zeit sind diese Ergebnisse weitgehend veraltet. Aus einer Studie der Freedonia aus dem Jahr 2018 kann man man folgende Marktaufteilung in der Welt entnehmen: TPO gesamt 42%, TPS 36%, TPU 9%, TPV 7%, TPC 3%. Die TPA sind unter Sonstige (3%) zu finden. Sehr grob gesehen verändert sich an diesen Zahlen bisher nicht viel, jedoch am Gesamtvolumen. Die Identifikation dessen, was zu den TPE zählt, bietet allerdings die weit größte Unsicherheit. Denn eine scharfe Abgrenzung zu Schmelzeklebern, Beschichtungsmaterialien aus Lösung oder auch zu zähmodifizierten Thermoplasten ist nicht zu machen.

Normen helfen, sich zu orientieren und einheitliche Richtungen zu generieren. Nun sind die TPE in der DIN EN ISO 18064 beschrieben und unterteilt, doch sind die Entwicklungen weitergegangen, was zum Beispiel sehr deutlich innerhalb der TPO zu sehen ist. Die Norm kennt nur die TPO als olefinischen Compound und nicht als semi-kristallines Co-Polymer, das seit vielen Jahren auf dem Markt existiert. Es ist ohnehin schwierig bei den TPO Polymermischungen eine Abgrenzung von den TPE zu den zähmodifizierten Thermoplasten zu finden. Des Weiteren sollte die Norm widerspiegeln, dass TPS und meist auch TPO Co-Polymere bei technischen Anwendungen immer als Compound eingesetzt werden. Ein Entwurf zur Änderung der DIN EN ISO 18064 ist bereits als Draft International Standard (DIS) veröffentlicht.

Es ist an der Zeit die Thermoplastischen Elastomere als eine eigene Produktfamilie offiziell zu etablieren, wobei es dazu einige Aktivitäten gibt. Ein Teil ist der offene Kreis des TPE Forums (www.TPE-forum.com), ein Experten-Netzwerk aus Herstellern, Verarbeitern, Hochschulen und Verbänden, das sich im Jahr 2016 gebildet hat. Aus dieser nicht organisierten Gruppe heraus haben sich Teams gefunden, die an Standards und Richtlinien arbeiten und Möglichkeiten bieten wollen, sich über die TPE weiterzubilden. Offizieller Ansprechpartner ist der WDK (Wirtschaftsverband der Deutschen Kautschukindustrie), sodass sich die TPE in der Welt der Elastomere wiederfinden. Die Überarbeitung der Kunststoff-Datenbank „Campus Plastics" mit

https://doi.org/10.1515/9783110740066-012

einer Reihe von TPE Eigenschaften ist ein ebenso wichtiger Punkt. Im VDI hat sich ein Ausschuss aus Mitgliedern des Forums gegründet, der eine Richtlinie (VDI 2020) erstellt, die Empfehlungen zur Beurteilung der Fließfähigkeit von TPE erarbeitet. Der Entwurf liegt bereits vor. Zudem ist im Deutschen Institut für Normung (DIN) ein Ausschuss „Thermoplastische Elastomere" installiert, der im Normungsausschuss Elastomertechnik (NET) organisiert ist.

Der Blickfang Thermoplastische Elastomere möchte einen Beitrag dazu liefern, sich auf TPE einzulassen und die Vielfalt in dieser Produktfamilie zu verstehen und damit zu arbeiten. Vielleicht bietet er auch einen kleinen Schritt weiter, die TPE in der Kunststoffwelt als eigene Produktklasse zu betrachten.

Literatur

Zu einem weiteren Studium der TPE eignet sich folgende Literatur

G. Holden, et.al.: Thermoplastic Elastomers[1], Hanser Verlag 2004
J. Drobny: Handbook of Thermoplastic Elastomers[2], Elsevier 2014
T. Dolansky, M. Gehringer, H. Neumeier: TPE Fibel[3], Dr. Gupta Verlag 2007
viermal im Jahr „TPE Magazin" im Dr. Gupta Verlag[4]
Broschüren und Datenblätter der TPE-Anbieter
Datenbank Campus® Plastics über das Internet [www.CAMPUSplastics.com]
DIN EN ISO 18064 zur Nomenklatur der TPE
ISO 14910 für TPC
ISO 16365 für TPU (in Überarbeitung im DIN)
DIN ISO 48-4 zur Messung der Shore-Härte (zuvor: DIN EN ISO 7619-1)
DIN EN ISO 527-1 über Zug-Dehnungs-Messungen
DIN 53504 über Zug-Dehnungs-Messungen
DIN EN ISO 1133-1 zur Schmelzfluss-Rate
EN ISO 6721 zur Dynamisch Mechanischen Analyse
VDI 2019 zur Charakterisierung der Haftung von TPE auf harten Kunststoffen
VDI 2020 zur Charakterisierung des Schmelzflussverhaltens der einzelnen TPE
DIN 78004 zu TPS (neu)
DIN 78005 zu TPV (neu)

Spezifisches

Physikalische Grundlagen zu Polymeren

U. Eisele, Introduction to Polymer Physics, Springer Verlag 1990

Rheologie

W-M. Kulicke: Fließverhalten von Stoffen und Stoffgemischen, Hüthig&Wepf Verlag 1986
L.E. Nielsen: Polymer Rheology, M. Decker, New York 1977

Vergleich Gummi zu anderen Werkstoffen

U. Eisele: KGK 40, Nr. 6, 1987

https://doi.org/10.1515/9783110740066-013

Intermittierende Spannung-Dehnung

N. Vennemann, J. Hühndorf, C. Kummerlöwe, P. Schulz: KGK 54, Nr. 7–8, 2001
Ch.G. Reid, G.K. Cai, H. Tran, N. Vennemann: KGK 57, Nr. 5, 2004

Die Bücher von Holden[1] und Drobny[2] geben eine tiefen und breiten Einblick in die Strukturen und Herstellung der TPE, Holden mehr in Struktur und Eigenschaften, Drobny mehr in Struktur und Verarbeitung. Die TPE Fibel[3] gibt einen Abriss über die Materialeigenschaften und hat seinen Schwerpunkt in die Spritzgießverarbeitung der TPE gelegt. Das TPE Magazin[4] berichtet je Quartal über Aktuelles und Wissenschaftliches aus der Welt der Thermoplastischen Elastomere.

Register

https://doi.org/10.1515/9783110740066-014